解密物种起源少年科普丛书 Ⅲ

龙鸟王国

徐 超　王章俊　林 琳/文

孔子君　李 姚　黄金运/图

生命是部奇书

地质出版社

北京航空航天大学出版社

·北 京·

图书在版编目(CIP)数据

龙鸟王国 / 徐超，王章俊，林琳文；孔子君，李姚，
黄金运图. — 北京：地质出版社，2020.6（2021.6重印）
（解密物种起源少年科普丛书）
ISBN 978-7-116-11672-6

Ⅰ.①龙… Ⅱ.①徐…②王…③林…④孔…⑤李…
⑥黄… Ⅲ.①古生物学－少年读物 Ⅳ.①Q91-49

中国版本图书馆CIP数据核字（2019）第217756号

解密物种起源少年科普丛书·龙鸟王国
JIEMI WUZHONG QIYUAN SHAONIAN KEPU CONGSHU·LONGNIAO WANGGUO

策划编辑：孙晓敏
责任编辑：孙晓敏　任宏磊
营销编辑：朱军伟　王小宾　杨　娜
责任校对：关风云

出版发行：地质出版社　北京航空航天大学出版社
（北京市海淀区学院路31号 邮政编码100083）
印刷：永清县晔盛亚胶印有限公司
开本：787mm×1092mm　1/16
印张：8.5　字数：80千字
版次：2020年6月北京第1版
印次：2021年6月河北第2次印刷

购书咨询：010-66554518　010-82316940
（传真：010-66554518）
售后服务：010-66554518
网址：http://www.gph.com.cn
如对本书有建议或意见，敬请致电本社；如本书有
印装问题，本社负责调换。

定价：72.00元
书号：ISBN 978-7-116-11672-6
版权所有　侵权必究

　　《解密物种起源少年科普丛书》是一套科普精品。这套书讲述的是一则则惊险而有趣的小故事，情节跌宕，绚丽多彩，寓教于乐，是我国科普作品中难得一见的佳品。本书的小主人公亦寒、知奇在爸爸D叔和妈妈伊静的带领下，走进时空的幽幽隧道，领略神秘的史前情景，探索地球的来龙去脉，了解生命诞生以来的点点滴滴……

　　——用科学讲故事。地球，是茫茫宇宙中的一颗蓝色星球，它是生灵的摇篮，它是人类的家园。那么，我们怎么认识它呢？这套书以《鱼类称霸》作为开篇，提出了一系列有趣的问题：生命之初的"鱼儿"如何从海洋爬到岸上？后来又如何爬向陆地成为"两栖动物"，再进化到"爬行动物"？"哺乳动物"为什么是最高级的动物类群？它们是人类的祖先吗？等等。大自然孕育着生灵万物，生命之树催生了人类世界。本书用娓娓的文字、绮丽的插画，在故事中寻觅线索，在线索中追求本源，勾勒了远古的旖旎风光，还原了远古的文明繁荣。故事情节紧张，跌宕起伏。用科学讲故事，令人遐想，给人启迪！

　　——用故事润心灵。在距今约5.3亿年的寒武纪时期，地球表面的大部分区域都被水覆盖着，陆地上没有任何生物。湛蓝的海水里，生命的种子却在蠢蠢欲动，酝酿着一个载入史册的大事件。海洋里的无脊椎动物陆续亮相，造成了"寒武纪生命大爆发"寒武纪时光，惊鸿一瞥。奥陶纪一闪，石破天惊。志留纪短暂，弹唱大变革前奏曲。泥盆纪时代，鱼类称霸。石炭纪到来，爬行动物成王。侏罗纪世界，恐龙独步天下。古近纪、新近纪时期，兽族崛起。第四纪，人类登上世界舞台。我们会发现，任何重大的生命进化，都与地球沧海桑田的变化息息相关。本书图文并茂，用精彩生动的故事，滋润着小读者的心灵。

　　——用心灵呵护地球。宋代苏轼说："盖将自其变者而观之，则天地曾不能以一瞬；自其不变者而观之，则物与我皆无尽也，而又何羡乎！"每个生命与世界万物都一样，无穷无尽，亿万年来生命之树繁衍，生生不息。从太空到地球，再到生命的探索，一定会影响到人类的世界观、人生观和价值观。天地玄黄，宇宙洪荒，回望地球，我们发现：人类赖以生存的蓝色星球，竟是如此渺小和脆弱，宛如沧海一粟、恒河一沙，小行星撞击地球、超级太阳风暴、地球磁极倒转……每一种新生命类型的出现，都代表了一次重大的历史飞跃。从地球原始生命的出现到人类的繁荣，经历了长达35亿年的时间！漫漫生命史，就是一个不断适应环境、扩大生存空间的过程。在大自然面前，人类万万不可自大，我们有千万个理由保持谦卑。

　　好的科普作品，可咀嚼，可品味，如甘霖润物，《解密物种起源少年科普丛书》就是这么一部科普佳作。在本套书即将付梓之际，写下几行文字，特向小朋友真情推介。由衷地希望地质出版社再接再厉，辛勤谋划，为祖国的花朵推出更好更多的科普精品。

　　希冀每个小朋友都喜欢《解密物种起源少年科普丛书》。

国务院参事
原国土资源部总工程师　张洪涛

2019 年 7 月于北京

映入你眼帘的《解密物种起源少年科普丛书》系列少儿读物，是一部难得的原创优秀科普文学作品集。

第一次见到这部作品集时，它还是电子文稿，看到创作团队将深奥生涩的科学知识、生动有趣的故事文字、精心绘制的动漫插图自然地融为一体，甚是惊叹。从那时起，我就被他们独具匠心的策划、别出心裁的创作深深触动。我收到策划编辑寄来的书稿彩样后，应邀为其作序，是一件十分荣幸的事情。

《解密物种起源少年科普丛书》以传播"宇宙生命进化科学"为主要内容，涵盖天文、地球和生命等自然科学知识，意在解密"每一个生命都是一个不朽的传奇，每一个传奇背后都有一个精彩的故事"。科学作者由全国首席科学传播专家王章俊先生担任。他热爱读书，知识广博，在宇宙与生命进化科学传播、古生物科学普及等方面造诣颇深。在他的领衔创作下，儿童文学作家、科普作家、知名动漫插画家紧密配合，为孩子们量身定制了一套"用故事融汇科学"的科普文学作品集。

该系列作品共4集，整体以"十二生肖秘钥"为时间线，知识系统连贯，每集独立成册，分别为《鱼类称霸》《四足时代》《龙鸟王国》《人类天下》。用48个惊险有趣的故事，48个生命进化史上知名的关键物种，诸如最原始的鱼、最早的两栖动物、第一个出现的爬行动物、恐龙祖先、第一只鸟等，抒写了惊险刺激的探秘历程，一个个生命传奇的精彩故事，将孩子们带到那遥不可及的地质年代。通过故事，让孩子们感受第一个多细胞动物——海绵的诞生；鱼儿向陆地迈出的一小步，开启了脊椎动物征服陆地的一大步，拉开了陆地动物蓬勃发展的序幕；长羽毛的恐龙飞向蓝天，色彩斑斓的鸟儿称霸了天空；哺乳动物蒸蒸日上，人类的祖先——智人走向全球。

《解密物种起源少年科普丛书》用讲故事的形式传播科学知识，情节生动，人物栩栩如生，古动物知识巧妙地展示于书中，是一部有新意、有价值的作品集。我相信，孩子们读后，不仅能学到科学知识，享受到阅读的乐趣，更能激发他们对科学的热爱和探究的灵感。

当今社会"文学少年"多多，"科学少年"则少之又少。这部作品集主要面向少年儿童及其家庭成员，是一部呼唤"科学少年"之作，是中国家庭必备的科普读物，希望它能够成为传世经典之作，惠及当代，传于后世。

著名出版人 作家
2019年6月于北京

推荐

● 《解密物种起源少年科普丛书》由专家严格把关，集科学、文学、艺术于一体。语言生动，插画精美，内容丰富，故事有趣；读起来轻松愉悦，知识与快乐同享，尤其适于孩子们浏览，更适合父母陪孩子一起阅读。

中国科学院院士 刘嘉麒

● 这是一部"用故事讲科学"的科普作品集。故事精彩，动漫图画生动，唤起孩子们对未知世界的兴趣和追索，让科学更具魅力。

中国科学院院士 欧阳自远

● 《解密物种起源少年科普丛书》以主角一家的历险故事为主线，串联了一系列古动物相关知识点，基本科学事实清楚，配图很多，形式生动活泼，适合小读者阅读。

中国科学院古脊椎动物与古人类研究所研究员 朱敏

● 这里有太多的好元素，有科学的元素、文学和艺术的元素、精神和心理的元素，甚至于文化、人格与情感的元素，等等，全都艺术地融入了一个对远古生命充满敬意与渴望、对惊险神奇自然变迁及文明之旅充满想象力的故事世界之中，文本语意深厚而广泛，具有科学人文的开拓意义。

中国图书评论杂志社社长 总编辑

● 拿到手上的《解密物种起源少年科普丛书》装帧精美，图文并茂，沉甸甸的。这是一套充满神秘色彩的科普文学作品集，为我们生动形象地解读了地球生命的进化历程。
好书是有趣的、有意义的，科学且循序渐进、循循善诱的，《解密物种起源少年科普丛书》就是这样的一套书！

国家"万人计划"教学名师 全国优秀教师 北京市德育特级教师 万军

● 任何喜爱科普作品和始终对未知世界保有好奇心的人，都值得去静心读一读这套书。这不仅因为它用微笑的面孔讲述严肃的科学问题，还因为它用鲜活的故事解构科学的方式，在一般人的思考容易停下的地方，向前迈出了一大步。

《中国教育报》编审 柯进

● 童话式的故事，铺展开一次远古生物的奇幻阅读之旅；又在探险笔记中，展现了丰富的生命进化知识。让少年读者领略生命的精彩和科学的美丽。

果壳网副总裁 孙承华

● 这是一套科学性与文学性兼备的优秀作品集，把地球科学知识润物细无声地融入有趣好玩的故事中，不知不觉就打开了孩子探索未知世界的好奇心，激发孩子主动探索未知世界的欲望，好奇心一旦点燃，内在潜能就自然地激发出来了。

知名金牌阅读推广人 第二书房创始人

● 当下没有哪位家长能够真的是"上知天文，下知地理"！所以对孩子的科学教育更加需要科普书籍。地质出版社出版的《解密物种起源少年科普丛书》，生动有趣，引人入胜。这里有勇敢、善良的一家人，他们邀请我们一起去郊游，一起去探险，一起去揭开生命进化的奥秘！

科学小达人秀 周建 周洪磊 小米椒

跟D叔一起这样读

坐在小白蛇变的各种飞船里，穿梭在亿万年的时光里，与昆明鱼、梦幻鬼鱼、林蜥、始祖单弓兽、中华龙鸟、小盗龙、森林古猿、露西……来个不期而遇，领略神秘的史前世界，探索地球的来龙去脉，了解生命诞生以来的点点滴滴……

如果你是第一次阅读，D叔建议你这样读：

第一步：

跟D叔探寻生命进化奥秘，寻找"十二生肖秘钥"，守护龙城安危。

在《解密物种起源少年科普丛书·四足时代》中，D叔一家拥有了一把刻有蛇标识的"蛇钥匙"。
在蛇钥匙的带领下，D叔将受伤的知奇及时送回龙城医院，终于化解危机。日月如梭，亦寒即将迎来自己的生日。7月的炎热给了知奇一样的热情，他们决定周六晚在爷爷D站救援家里为黑暗隐者在生日前夜告诉亦寒，自己

第二步：

请仔细阅读"12个故事"，随故事人物深入其中，探索见证生命进化历程，与远古物种相见，揭开物种起源奥秘，成功获得未来生命之树种子，最终保护龙城。

始盗龙
——最早的恐龙

第三步：

请仔细阅读"12篇日记"，感受日记撰写的过程、学习古生物知识及小主人公面对当时处境的感受和灵活处理问题的方式方法。在潜移默化中，激发小朋友们的写作兴趣。

第四步：

每读完3个故事，你就会翻到"D叔漫时光"。在这里，D叔希望小朋友让思绪休息一下，拿起你的笔，涂出你的创意颜色。

第五步：

每本书都设置了小程序码，只要拿出手机"扫一扫"，你就能听到D叔专门为你讲的故事。

温馨提示：扫码听故事

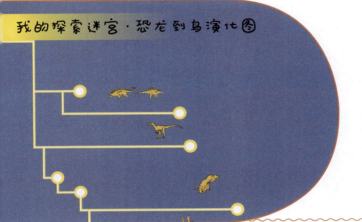

我的探索迷宫·恐龙到鸟演化图

第六步：

到这里，这本书中的12个故事、12篇日记你都读完了。小朋友，你们记住了几个科学小知识和古生物呢？在这里，来答一答吧。

第七步：

小朋友们，读完这套书后，你们能不能说出地球生命是怎么诞生的，又是如何进化的？我们人类又是从哪个阶段产生的？在这张生命进化历程图谱中，你都可以找到答案。

功能导读　生命进化历程图谱

《鱼类称霸》　　《四足时代》

寒武　奥陶　志留　泥盆　石炭　二叠

第八步：

最后记得签上你的名字，这本书可是属于你的哦！

走进锦绣科学小镇
与D叔一家共同见证地球生命的进化
探索远古生命奥秘
守护地球家园
这本《解密物种起源少年科普丛书·龙鸟王国》的小伙伴是

_____

谨以此书献给
共同探险······
守护地球家园的小伙伴······

故事梗概

📍 龙城

在中国辽西地区，有一座绽放着科学光芒的神秘小镇。

这座小镇堪称世界古生物化石宝库，地球演化和生命进化的历史都尘封在这座宝库中。在这里，一直流传着："它是世界上第一只鸟儿飞起的地方，也是第一朵花儿绽放的地方。"这就是闻名于世的锦绣科学小镇——"龙城"。

📍 大真探 D 叔

D 叔一家就住在这里。D 叔是中国知名青年地学研究者，他曾在琥珀中发现了生活在近亿年前长毛小恐龙的尾巴，让世界一片惊讶。龙城的人们以 D 叔为自豪，都非常喜爱他、佩服他，所以就送他"大真探"称号。孩子们一见到他，就会围着他问个不停，"D 叔，快告诉我们，是先有鸡还是先有蛋"，"D 叔，我们是从哪里来的呢"，"D 叔，你能不能找到现在还能孵出恐龙的恐龙蛋呢，我想要一只真的恐龙"……"孩子们，请跟我来！"每次，只要有时间，D 叔总喜欢带孩子们去参观他的"小飞龙实验室"，让他们身临其境地感受科学的神秘与乐趣。

生命之树

生命之树

　　龙城不大，环境优美，人们的生活一直和谐、安稳。可天有不测风云，这平静舒适的日子竟让 D 叔一家给打破了。

　　2052 年的一天，D 叔一家带着邻居家小宝洛凡一起去郊游。玩得正开心的时候，突然下起了瓢泼大雨。这里离小镇还是有一段距离的，D 叔一家只好就近寻找避雨的地方。所幸运气还不错，在附近发现了一个山洞。虽然山洞看起来阴森森的，但总算有个避雨的地方，D 叔和妻子伊静赶紧带着孩子们躲进了山洞。这山洞似乎不深，向里面看，黑黢黢的。"孩子们，别乱跑哦，磕碰着就麻烦了。"伊静妈妈的话还没说完，依然在兴致上的孩子们，已

经往山洞深处走去了。"随他们吧，里面应该不会太深，孩子们长大了一点儿，有探险精神了，我们先观察一会儿。"D叔说。随后，两人找了块儿比较干净的地方坐下，竟不知不觉地睡着了。

"哎哟！"亦寒尖叫了一声，他的脚好像踢到了一块石头，脚趾痛得厉害。"亦寒哥哥，你怎么了？没事吧？"昏暗中，洛凡关切地问。"你们听……"知奇大声说，"听到吱呀声了吗？"亦寒和洛凡正仔细听时，山洞尽头的石壁竟然打开了一扇门，透过来暖暖的光线，孩子们"刺溜"钻了进去。亦寒这一脚厉害，踢出个"新景象"，一棵参天大树矗立在他们眼前……

孩子们马上回去找D叔和妈妈伊静。两个大人被孩子们给吵醒了，只是他们自己也不明白怎么就睡着了呢？听完孩子们的讲述，就跟着孩子们，走过七扭八拐的洞中小道，来到了山洞尽头。

一扇石门敞开着，里面是一块非常平整的地。平地中间，长着一棵参天大树，枝繁叶茂，在树冠顶部，露出一小块儿天空。雨水噼里啪啦打在树叶上，轻盈滴答地落在地上。

D叔不愧是"大真探"，机敏老练。只见他先是环顾四周，而后，不由自主地走到树下，一观究竟。只见这棵树上有一个标识，写着"生命之树"。这树上的纹路如地图一般，最让人感觉神奇的是：树上标注了从最初的生命一直到人类出现的历程，整个生命进化各个阶段的全部轨迹，清晰可见。树腰处挂着一面钟，正滴滴答答地响着，时针、分针、秒针即将共同指向12点，日期显示2053年4月22日。这是第 N 个世界地球日哦。正当D叔百思不得其解的时候，突然，亦寒不知从哪发现了一块小小的绢布，只见绢布上断断续续地写着"12把钥匙、生肖、黑暗隐者、龙城"。一家人你望望我，我望望你，一脸茫然。

📍 龙城怪象

    渐渐地,落到地上的雨滴少了。D叔虽然觉得这件事情太过奇怪,但也只能先收好绢布,催促孩子们跟紧自己和伊静,尽快赶回龙城。D叔再次回望,这棵古老的大树宛如神祇一般静静地伫立在那里,仿佛是在听谁轻轻地诉说,又仿佛是在为谁而默默祈祷……

    自那天之后,龙城接二连三地发生一些怪事。天气明显变得异常,医院的病人也多了起来。还听到好多大人们都在聊一件怪事,自家孩子晚上睡觉总是做噩梦,不踏实,说什么黑暗隐者、毁灭龙城之类的话。D叔和妻子伊静听在耳里,不安在心中,龙城发生的这些事情到底跟他们那次山洞奇遇有没有关联呢?

    小镇上开始人心惶惶……

生肖犬秘钥

在《解密物种起源少年科普丛书·四足时代》中，D叔一家拥有了一把刻有蛇标识的"蛇钥匙"。

在蛇钥匙的带领下，D叔将受伤的知奇及时送回龙城医院，终于化险为夷。日月如梭，亦寒即将迎来自己的生日。7月的炎热给了知奇和洛凡火一样的热情，他们决定周六晚在爷爷D咕教授家里为亦寒举办惊喜的生日聚会。黑暗隐者在生日前夜告诉亦寒，自己已经拿到了生肖马、生肖羊、生肖猴和生肖鸡秘钥，让他随时准备寻找生肖犬秘钥。周六生日聚会，缓解了亦寒低落的情绪。晚餐后，D咕教授家的门铃响起。知奇发现门口有一个写着"亦寒亲启"的礼物盒。亦寒拆开，发现这是黑暗隐者送给自己的生日礼物——恐龙蛋化石。孩子们争先恐后地抚摸恐龙蛋化石，当化石轻触到幻本，新一轮探秘之旅在碰撞中开启。这次他们历经了梦幻般的龙谷探险，目睹了第一只鸟儿的飞翔，收集了四根神鸟的羽毛，唤出生肖犬秘钥，结束了龙鸟王国幻境之旅，但与黑暗隐者的博弈却才刚刚开始……

《解密物种起源少年科普丛书·龙鸟王国》，精彩内容马上开始。

生肖猪秘钥

在《解密物种起源少年科普丛书·龙鸟王国》中，D叔一家拥有了一把刻有犬标识的"犬钥匙"。

亦寒手握犬钥匙，与大家一起在龙城森林公园醒来。回归龙城生活之后的一天，上完化学兴趣课的知奇向亦寒展示自己上课时调配的可以放大和缩小塑料珠的药水。在表演过程中，一颗未能变大的塑料珠带领大家踏上了最后一段神奇之旅。

D叔一行在漆黑的山洞中醒来，他们发现自己都被缩小了。亦寒埋怨是知奇的破药水作祟。缩小的众人被摩尔根兽当作猎物，他们经历了洛凡的失而复"还"，破解了黑暗隐者的阴谋，结识了"疯狂原始人"朋友，命名了远古的植物。这一路，D叔一行与黑暗隐者的博弈从远古持续到了龙城。生肖猪秘钥现身，谁胜券在握，集齐了"十二生肖秘钥"呢？

敬请期待《解密物种起源少年科普丛书·人类天下》。

抢先看

目　录

我的探索旅程

神秘礼物，现身亦寒生日聚会 ………………………………………… 1

故事 1　山谷清幽，龙迹初现喜众人 ………………………………… 4
知奇探索生命日记：始盗龙——最早的恐龙

故事 2　甘露追寻，湖滨险遇大块头 ………………………………… 12
知奇探索生命日记：永川龙——一种凶猛的肉食性恐龙

故事 3　穿林打叶，穷追不舍长毛怪 ………………………………… 20
知奇探索生命日记：中华龙鸟——第一个被发现的长羽毛恐龙
D 叔漫时光 / D 书墨香

故事 4　林中惊魂，巧避羽毛暴君龙 ………………………………… 29
知奇探索生命日记：羽王龙——身披羽毛的暴君

故事 5　情结彩石，知奇轻抚"大鸵鸟" ……………………………… 36
知奇探索生命日记：似鸟龙——像"大鸵鸟"的恐龙

故事 6 无心插柳，阿拉善龙解难题 ⋯⋯⋯⋯⋯⋯⋯⋯⋯ 44
知奇探索生命日记：阿拉善龙——拥有长前肢与手指的手盗龙
D 叔漫时光 / D 书墨香

故事 7 亦寒失控，D 叔搜回恐龙蛋 ⋯⋯⋯⋯⋯⋯⋯⋯⋯⋯ 55
知奇探索生命日记：原始祖鸟——火鸡大小的恐龙

故事 8 炫技滑翔，亲密触碰先鸟祖 ⋯⋯⋯⋯⋯⋯⋯⋯⋯⋯ 64
知奇探索生命日记：近鸟龙——最像鸟类的恐龙

故事 9 龙蛋终出，崎岖道路变通途 ⋯⋯⋯⋯⋯⋯⋯⋯⋯⋯ 70
知奇探索生命日记：小盗龙——会飞行的四翼恐龙
D 叔漫时光 / D 书墨香

故事 10 自豪满怀，目睹热河鸟风采 ⋯⋯⋯⋯⋯⋯⋯⋯⋯⋯ 79
知奇探索生命日记：热河鸟——中国发现的第一只鸟

故事 11 河水漫溢，知奇手快护幼鸟 ⋯⋯⋯⋯⋯⋯⋯⋯⋯⋯ 88
知奇探索生命日记：孔子鸟——最著名的中国古鸟

故事 12 鹰击长空，四根神羽唤秘钥 ⋯⋯⋯⋯⋯⋯⋯⋯⋯⋯ 98
知奇探索生命日记：中国鸟——似猛禽的中国古鸟
D 叔漫时光 / D 书墨香

我的探索迷宫 ⋯⋯⋯⋯⋯⋯⋯⋯⋯⋯⋯⋯⋯⋯⋯⋯⋯⋯⋯⋯⋯⋯ 107
后记 ⋯⋯⋯⋯⋯⋯⋯⋯⋯⋯⋯⋯⋯⋯⋯⋯⋯⋯⋯⋯⋯⋯⋯⋯⋯⋯⋯ 109
功能导读　生命进化历程图谱 ⋯⋯⋯⋯⋯⋯⋯⋯⋯⋯⋯⋯⋯⋯ 110
小镇见闻 ⋯⋯⋯⋯⋯⋯⋯⋯⋯⋯⋯⋯⋯⋯⋯⋯⋯⋯⋯⋯⋯⋯⋯⋯ 112
生命之树 ⋯⋯⋯⋯⋯⋯⋯⋯⋯⋯⋯⋯⋯⋯⋯⋯⋯⋯⋯⋯⋯⋯⋯⋯ 114

神秘礼物，现身亦寒生日聚会

"请在外守候！"龙城医院的医生匆匆安慰D叔一行，就推着知奇进入了急诊室处理伤口。确认没有大碍后，知奇带着头上的小疤痕回到了家。这个疤痕见证了知奇的勇敢以及与亦寒的兄弟情谊。爸爸妈妈为了鼓励知奇，将蛇钥匙交由他保管。

"清风无力屠得热，落日着翅飞上山。"就是7月龙城的真实写照。气候异常事件愈发频繁，D叔心急如焚，日夜奋战在研究一线。D咕教授也"重出江湖"，加入研究队伍，大家都期望早日找到原因和解决方法。

这个星期六即将迎来亦寒的生日，在失散的那两年，他的生日是伊静最伤心的日子。自亦寒回来后，他的生日又成为大家最开心的日子。知奇和洛凡在伊静支持下，决定在爷爷D咕教授家给亦寒办一个生日派对。

星期五放学后，亦寒独自一人在校门口等待妈妈接他。"知奇去爷爷家了，我们不用等他了。明天是你生日，我们一起去接他们吃大餐，好不好？"伊静边开车边从后视镜看看亦寒，还好他没有失望，也没有怀疑。但这天晚上，亦寒看着知奇锁在抽屉里的秘钥，那种熟悉的纠结再次袭来。他努力把目光收回，快速爬上自己的床，蒙上被子想尽快入睡。迷迷糊糊中，体内的芯片传来了他最不想听到的声音："我的亦寒，你又要长大一岁了，E爸爸为你准备了礼物。"亦寒回应："不用了，我明天要去爷爷家，不一定收得到。""还有一个好消息要和你分享，我已经拿到了'马'、'羊'、'猴'和'鸡'秘钥。加上你这里的秘钥，我们缺的不多了，离成功很近啦。"黑暗隐者的声音里透露出抑制不住的兴奋。"我，我不想……"亦寒还没说完，黑暗隐者就打断了他："不想什

么？不想让爸爸妈妈多爱你一点吗？亦寒，我今天主要是祝你生日快乐。我的亦寒，记住我们离成功很近啦。"

"该起床啦！"妈妈温柔的声音结束了这场噩梦。亦寒睁开双眼，心情低落到极点。伊静吻了吻亦寒的额头："宝贝，生日快乐！快吃完早餐，我们去爷爷家。"而此刻知奇和洛凡正在爷爷家为气球颜色而争吵。"哥哥是男孩子，不要粉色的！"知奇看着洛凡挑了好几个粉色气球，忍不住说道。洛凡嘟起小嘴："就一两个而已，点缀一下挺好看的。亦寒哥哥会喜欢的。""好了，孩子们。你们看我准备的礼物怎么样？"D咕教授拿出了一块珍贵的琥珀，打断了他们俩的争吵。"好漂亮，我也想过生日了。"知奇说。

"叮咚……"门铃响起，D叔从实验室赶回来了，他带了蛋糕、水果等丰富的食物。万事俱备，就等妈妈过来大展身手了。

伊静牵着情绪不高的亦寒，按响了门铃。门吱呀开了，里面却没有一个人。亦寒狐疑地看着妈妈，伊静面带微笑推着亦寒走进来。"祝你生日快乐，祝你生日快乐！"D叔捧着蛋糕，爷爷、知奇和洛凡唱着歌，像变魔法一样出现在亦寒面前。看着满屋的气球，还有写满祝福的横幅，亦寒心下感动："爸爸！你们刚才都躲哪儿了啊？""不告诉你，哥哥，我们会隐形呢。"知奇调皮地眨眨眼，"快来拆礼物，爷爷送你的，超级棒！"大人们开始为午餐忙碌，孩子们在一起嬉戏。亦寒的愁绪终于被抛在云霄外了。

"叮咚，叮咚，叮咚。"急促的门铃连续响了三声。知奇快速地跑出去开门，门口却一个人影也没有。"谁来啦？"D咕教授挂着马头拐也走到门口。"一个人都没有。爷爷，你看！"知奇捧起地上的礼物盒，上面写着："祝亦寒生日快乐！"大家都好奇是谁送的礼物，只有亦寒知道它来自何方。在知奇的催促下，亦寒极不情愿地在餐桌旁打开了礼物盒。"哇！恐龙蛋化石。"洛凡惊讶地把兔匪匪都丢在了地上。"这可真的很珍贵哦。"D叔边说边打开背包，想取出放大镜仔细观察。知奇没忍住，伸手向化石摸去。亦寒下意识地拿起化石避躲，不曾想恐龙蛋化石触碰到了桌上的幻本。柔和的光芒逐渐变强。"哦，天哪！又来了！"知奇边耸肩边说道。伊静情急之下把桌布一把兜起，心里默念："能多带点吃的就多带点吧！"

这一趟探秘之旅就在恐龙蛋化石的敲击下，开启了！

　　巍峨的高山,布满了青松,偶有红色的山石裸露在外。山脚下,只容一人宽的裂隙仿佛是这座高山的笑口,呼出了习习凉风。D叔一行在这山口处陆续醒来。有了前几次的探险之旅,大家此次少了许多惊讶。

　　亦寒检查着E博士送给自己的恐龙蛋化石,知奇带着洛凡凑过来,关心地问:"没有裂吧?"亦寒摇摇头,他在想这一路该把化石放哪儿。观察完环境后的D叔示意亦寒可以把恐龙蛋化石放到自己的背包里,并告诉大家:"我们暂时不能判断现在在哪里。挡在前面的就是这座高山,绕过去或翻过去,都不太可能。看来我们只能走进它的'嘴巴'里。""是从那个谷口吗?"伊静指着山下的裂隙问。D叔背起背包,坚毅地点点头:"我刚看了,不会有落石。""咳!"D咕教授拄着马头拐,回答道:"那咱们就跟紧D叔,出发吧。"

　　D叔走在前面,D咕教授在队伍最后,他们挨个走入谷口。地面并没有崎岖不平,反而生长着茂密的矮小植物,踩上去发出轻柔的声响,给这一片静谧的山谷平添了几分乐章。"哇!"大家几乎同时发出赞叹声。穿过大山的裂隙后,展现在众人面前的是一片宽阔的河谷,远处是高耸入云、连绵不绝的壁仞。夕阳即将落入群山的怀抱,在最后时刻发射出耀眼的光芒,给河谷和山坡镀上了金色的光泽。"砰!"从身后传来的巨响,让大家从美景中回过神来。刚穿过的谷口被落下的石块堵死了。"好险啊!要是刚才落下,我们就被压成肉饼了。"知奇说出了大家的心里话。D叔皱了皱眉头,心里总觉得有些不妥,但也明白此程已经没有退路。

"D叔，我们趁天黑之前，先找个落脚的地方吧。"伊静提醒道。D叔握紧伊静的手，点点头。孩子们在大人的呵护和带领下，往河谷的平坦处行进。他们的忧虑很快抛到云外，洛凡四处打量，总是看不够这美不胜收的景色："回龙城后，我就把这里画下来。""一会儿让小白蛇变条大船，顺河流而下，就可以体味'两岸猿声啼不住，轻舟已过万重山'了。"知奇开始引用古诗了。"得了吧，你们不觉得太安静了吗？连一只鸟都没有，还猿声啼不住呢。"亦寒不屑道。

　　"啊，看那儿……"，知奇没有回应亦寒的不屑，而是兴奋地指着河对岸。D叔敏锐的目光顺着知奇指的方向捕捉，人也瞬间奔跑着过去。大家小跑起来跟紧D叔。"看到什么了？看到什么了？"个子最小的洛凡着急地蹦起来。"跑到山坡里去了。是一只小动物，像兔匪匪一样。"知奇不知该如何描述，只能指着兔匪匪对洛凡解释道。"是危险的动物吗？我们在这歇息，安全不？"伊静想起上次旅程中碰到的危险动物，心有余悸地问道。D叔跑得气喘吁吁，却难掩脸上兴奋的表情。亦寒没能看到，有些懊恼和沮丧；D咕教授挂着马头拐跟上来，也错过了这空寂山谷中难得露脸的动物风采。大家都在期待D叔的回答。

河谷边，D叔微笑着放下书包，招呼大家席地坐下，示意在这儿扎营。亦寒赶快拿出小白蛇，小白蛇很快将宽敞帐篷扎根在这不知名的美丽山谷。深蓝色的黄昏渐渐变成了黑夜，伊静把携带的本是亦寒生日宴会的食物分给大家。"亦寒，生日快乐！"妈妈温柔的祝福，融化了这夜的陌生和寒冷。D叔笑着说："这次我们真的踏上寻龙之旅了。刚看到的那只动物，应该是始盗龙。"D咕教授惊讶极了："真的吗？哎，可惜我腿脚慢了一步，没能亲眼看见。"幻本柔和的光芒投射在空中，始盗龙的三维影像立在河谷上。"知奇，你亲眼看到了始盗龙,而且你也最喜欢恐龙了，所以这次的探寻之旅就由你来记录科学日记吧。"D叔用鼓舞的眼神望着知奇。"没问题！"知奇坐直身体，敬了一个礼，逗笑了大家。接过妈妈递来的奇笔，知奇开始记录。

始盗龙
——最早的恐龙

　　爸爸交给我光荣的记录科学日记任务，我一定会做得像哥哥和小白蛇一样好。今天是亦寒哥哥的生日，在他收到的神秘礼物——恐龙蛋化石的带领下，我们来到了一个美丽的山谷。我第一个看到了一只小动物，爸爸说那是始盗龙，是真正的恐龙啦！这趟旅程算是真正的寻龙之旅了，那这个山谷，我就可以取名为"龙之谷"了。好了，不能发呆了，爸爸已经开讲了。

　　下面，我正式开始写今天的探索生命日记了。

　　D叔说在讲始盗龙之前，得讲一讲恐龙家族的故事。恐龙是高度异化的陆生爬行动物，四肢位于身体正下方，后肢（或四肢）行走，前肢捕食。只有鸟臀类和蜥臀类两大类爬行动物，才能叫作恐龙。所以，我们在上一趟《解密物种起源少年科普丛书·四足时代》旅程中，看到的特别像恐龙的动物都不是真正的恐龙。爸爸说恐龙是一个极为庞大的动物家族，迄今，世界上共发现了1000多种恐龙。其中最小的恐龙——长毛的会飞的近鸟龙，属蜥臀目兽脚亚目，体长只有34厘米，体重约110克；最大的恐龙是巴塔哥巨龙，属蜥臀目蜥脚亚目，发现于阿根廷，体长约37米，身高

始盗龙

约6米，重达77吨，相当于14头大象的体重。恐龙有植食性、肉食性和杂食性三种。恐龙在世界七大洲中都有发现，中国是目前世界上发现恐龙最多的国家，有200多个物种，其中最具代表性的是长毛的恐龙，多数发现于辽宁西部地区。

恐龙的主要特征：四肢与地面垂直且粗壮，或后肢强健有力；已经进化出中耳；牙齿没有分化，不具有咀嚼功能，只能吞咽食物；植食性恐龙靠胃里的石头磨碎食物。

兽脚类恐龙后肢强壮，两足行走，可以奔跑，最高时速可达六七十千米，前肢短小，有十分锋利的指爪，可以辅助抓捕猎物或进食；有的兽脚类恐龙有立体视觉，如霸王龙。大多数长毛的恐龙有孵化行为，如窃蛋龙；有些长有对称羽毛的小型恐龙，如近鸟龙、小盗龙，可以滑翔或飞行。

6500万年前，发生了最著名的第五次生物大灭绝事件，结束了恐龙长达1.69亿年的历史，从此，恐龙在地球上销声匿迹了。

记录到这儿，我的心情好激动啊。不知道这趟旅程能不能亲眼看到爸爸说的这么多种恐龙。"爸爸，今天我们看到的始盗龙呢？它是什么种类的恐龙？我觉得它很小呢，是不是和兔匪匪一样，喜欢吃青草？"我没忍住，追问爸爸。

爸爸喝了口水，说道："始盗龙的出现是脊椎动物进化史上的第五次巨大飞跃，后肢行走，前肢捕食。今天我们刚看到它，它就快速奔跑不见了。始盗龙的出现拉开了恐龙进化的序幕。"

"最早的恐龙是始盗龙，生活在2.34亿年前的南美洲阿根廷西北部。它可能是蜥臀目恐龙的直接祖先。始盗龙身体小巧，成年体长大约1.5米。"D叔笑着说，"它可比兔匪匪大多了，而且不像兔匪匪只吃青草。始盗龙有锯齿状牙齿，同时又有着肉食性及草食性的牙齿，所以它有可能是杂食性动物。它拥有善于捕抓猎物的短小前肢，只有后肢长度的一半，前肢都有5指。其中最长的3根手指都有爪，用来捕捉猎物。而第四指及第五指太小。它能够快速地短距离奔跑，当捕捉猎物后，会用指爪及牙齿撕开猎物，甚至可以捕获与其体型相当的猎物。始盗龙手臂、腿部的骨骼薄而中空，有利于降低体重，所以善于奔跑。但站立时，只能靠它脚掌中间的3根脚趾来支撑身体。"

说到恐龙，爸爸真是口若悬河，我第一次记录日记，就得记录这么多。"哈哈，知奇，万事开头难。"爸爸微笑地看着我。

今天的日记就写到这里了，请小朋友们继续跟随我们一家一起来探秘旅行吧。

　　D叔和D咕教授一起检查知奇的科学日记，父子俩边看边笑。知奇和洛凡说着悄悄话，他们在想今夜会不会像上次旅程一样，又进入一个超级绚丽的滑梯。伊静走到亦寒身边："亦寒，今天真是过了一个特别的生日。其实，无论生日在哪里度过，你在妈妈身边，比什么都好。""妈妈，这是我度过的最棒的生日！"亦寒抱了抱伊静。"睡吧！晚安。"妈妈温柔地跟孩子们道了声晚安，退出了帐篷。

　　"虽然今天没有'彩舟云淡，星河鹭起'，但这景色真的像小洛凡说的那样，'画图难足'"，D咕教授对D叔感慨道。"D叔，明天我们会到哪儿呢？"走出帐篷的伊静问。"也许真像知奇说的，咱们得顺河流而下！"D叔看着夜色下的河流微笑着说。流水潺潺，其实谁也不知道明天醒来会身在何处！

故事 2
甘露追寻，湖滨险遇大块头

　　第二天清晨，知奇第一个醒来，他走出帐篷，看了一圈，喊醒大家："我们还在原地呢。洛凡，快起来。真的没有绚丽滑梯了。"洛凡揉揉眼睛，露出一点儿小小失望。大家收拾好东西后，亦寒把变回原形的小白蛇放回口袋。

　　"河，我的河呢？我的漂流怎么办？"突然，知奇大喊起来。大家这才把注意力放在营地边的大河上，河水早已不见，只剩下深深的河道和河底黑漆漆的污泥，河道两壁上还耷拉着一些有气无力的水生植物。更奇怪的是河道里面竟然没有一个生物。

　　"好奇怪，这一定不是正常的自然现象。"D咕教授说，他做了一辈子的地质科研工作，可从来没发现一条河的河水能悄声无息地在一夜间消失。"除非？"D叔警觉起来，他害怕会有地质灾害发生。D叔和D咕教授让大家聚集在开阔的河谷，不要盲目走散。他们仔细观察着地面和周围的变化，确认没有危险来临。太阳慢慢升起，阳光懒洋洋地撒了下来，干涸的河道竟然开始弥漫起薄雾。雾气越来越浓，白色的浓雾在河道里翻涌，开始向整个谷地扩散。

D叔也不确定这雾气从何而来，是否安全，情急之下他拉紧身边知奇的手，向大家招呼："我们先离开河道边，到山坡上的森林避避。"

　　没有路的高山，爬起来很不容易，尤其对于背着行李又拉着孩子们的大人。这高山也是奇怪，越往高处越陡峭。"爸爸，等等洛凡和爷爷吧。我也实在爬不动了。"知奇回头看着落后的D咕教授向D叔请求道。上气不接下气的伊静也附和道："是啊，D叔，缓缓吧。这雾气会有毒吗？这一时半会儿也到不了，我们歇歇吧。"D叔指着前方山体凸出的大石头，为大家加油鼓劲道："再加加油！到那块大石头，我们就歇会儿。"

　　三个孩子爬到大石头上，就像回到龙城家的沙发上一般，往下一瘫。"妈妈，我想喝水。"知奇躺下就喊。伊静面露难色，本以为在河边歇息，早晨再净化水，不曾想一条大河一夜之间就销声匿迹了。D叔安慰妈妈："没关系，植被如此茂密，森林里肯定有水源。""小鬼头们，休息一阵，我们一起去森林中找神秘的泉水。"D咕教授边揉脚边跟孩子们说道。

　　"爸，看。"D叔发现了动物脚印，兴奋地让D咕教授一起参谋。"是昨天看到的始盗龙的脚印吗？"亦寒一个骨碌爬起来，凑过来问。"不一定。这个脚印看起来要大一些。"D叔仔细看后说，"暂时不确定，但我们可以小心地跟着脚印。说不定能找到水源。""哦，叔叔，我知道。以前我看过一个纪录片，说干旱地区的人们就是追踪一种猴子来找水。"洛凡也坐起来。D叔笑着点点头："那我们出发吧。"

　　随着地面脚印越来越清晰，孩子们越来越兴奋，而D叔和D咕教授则越来越担忧。在一个森林的岔口，孩子们追着地面脚印往前走。"回来！"D叔声音虽小却异常严肃。"怎么了？"伊静帮孩子们问出了问题。"我担心是危险的肉食动物，而且块头应该比始盗龙大。"D叔边说边带领大家往另一条岔路行进。"追也是爸爸说，退也是爸爸说。"知奇边走边嘟囔。走在队伍最后的D咕教授正准备用马头拐轻敲知奇的肩膀，突然，"沙沙沙"的声响让大家都回过头去，一棵粗壮的大树正向D咕教授压来。千钧一发之际，爷爷的马头拐抵住了正在倒下的大树。"爸，小心！"D叔奔回，帮D咕教授抽回马头拐，躲到侧面。伊静迅速地把孩子们也往侧面拉躲。倾斜的大树，吱吱呀呀的缓慢倒下。

　　还没缓过神，大树后一个长着三角形大脑袋的动物几乎吓飞了大家的魂魄。"永川龙？"D叔迟疑了一秒钟，"亦寒，小白蛇！"被妈妈搂在怀里的亦寒，拿出小白蛇："智能变形。"坚硬外壳的圆形飞行器载着D叔

一行，往森林上空抬升。被折断的一根又一根的树木，向地面的永川龙砸去。永川龙明显受到了刺激，发疯似的奔跑，接连撞倒一棵又一棵大树。

"虽然惊鸿一瞥，但我能确认那是永川龙，它不应该和始盗龙生活在一个时代的，现在却出现了。"D叔像是在问D咕教授，又像是自言自语。

"永川龙会吃人吗？"知奇看着爸爸。

永川龙
——一种凶猛的肉食性恐龙

　　我们遇到了永川龙。我只知道它能撞倒大树，但看爸爸和爷爷都害怕的样子，我觉得它应该是个厉害的动物，起码比昨天见到的始盗龙要厉害。下面，我正式开始写今天的探索生命日记了。

　　爸爸说永川龙生活在晚侏罗世，约1.60亿年前，化石发现于中国四川，是大型的肉食性恐龙。它是中国境内发现的比较凶猛的大型兽脚类恐龙。在辈分上它老于中华龙鸟、羽王龙等。和始盗龙应该不是一个时代的恐龙。也许我们来到了一个恐龙的世界，也就是说我们有机会看到所有的恐龙，想想又惊险又刺激。

　　爸爸说永川龙是早期的兽脚类恐龙，由于股骨、尾巴骨肌肉缩短，尾巴后段不灵活，有助于奔跑时改变方向，所以它属于坚尾龙类。头颅骨不坚实，骨头有空腔，著名的霸王龙就是坚尾龙类。我太想一睹霸王龙的风采了，如果遇到了，我就让哥哥的小白蛇变成一个超坚固的球，我要趴在球里，摸一摸霸王龙。

　　永川龙有一个近1米长、略呈三角形的大脑袋，两侧有6对大孔，这样可以有效地降低头部的重量。在这6对大孔中有一对是眼孔，表明它的视力极佳，其他孔是附着于头部用于撕咬的强大肌肉群。永川龙嘴里长满了一排排锋利的牙齿，就像一把把匕

马门溪龙

首，加上它粗短的脖子使得永川龙拥有巨大的咬力。永川龙的尾巴很长，可以在它奔跑时作为平衡器来保持身体的平衡。它的前肢很灵活，指上长着又弯又尖的利爪，用这对利爪可以牢牢地抓住猎物。永川龙的后肢又长又粗壮，生有3趾。有这样的后肢，永川龙可以不费吹灰之力便能追捕到猎物。永川龙常捕食与其生活在一起的马门溪龙、峨眉龙和沱江龙。

　　幸亏哥哥机智，让小白蛇变成了飞行器，如果在地上跑，我们还真跑不过永川龙呢。

　　今天的日记就写到这里了，请小朋友们继续跟随我们一家一起来探秘旅行吧。

峨眉龙

沱江龙

　　包围着河谷的高山，仿佛有万丈高。小白蛇努力上升，想飞跃这群山屏障，但已经感到吃力。而在一座高山顶部，一处清澈的湖泊就如同高山明珠，在夕阳照射下熠熠生辉。在小主人的指示下，小白蛇平稳降落在湖泊边。"湖上春来似画图，乱峰围绕水平铺。"刚得以休息的D咕教授终于有了诗兴。"爷爷，这里是春天吗？"亦寒认真地问着爷爷。D咕教授亲切地搂着亦寒："心里有春天，眼里就有春天。"宁静的时光总是短暂，D叔和伊静才到湖边打完水，小白蛇还未变形为帐篷，那恐怖的永川龙一猛子从森林里冲出，直向D叔和妈妈奔来。"妈呀，还是那只吗？"知奇拉着身边无头绪的洛凡跑开，D咕教授拽起身边的亦寒向永川龙身后退去，D叔和伊静情急之下启用背包低空滑行功能，也窜入了丛林。

　　这只茫然的永川龙跑到湖边，低头饮水。如果它认识人类，估计它会想："我有这么可怕吗？"

故事 ③

穿林打叶，穷追不舍长毛怪

　　危险并没有随着恐怖的永川龙的消失而消失。伊静发现孩子们已经不在身边了，惊慌失措地喊道："D叔，孩子们呢？"从树丛里探出身的D叔抱紧伊静，宽慰她也是宽慰自己："放心，没事。只是暂时走散了，我们要相信孩子们。也许他们正和爸爸在一起。"伊静半信半疑地看着D叔，内心祈祷D咕教授和孩子们在一起。

　　在森林的另一边，D咕教授把马头拐一直横在胸前，做好随时战斗的准备，他身后护着亦寒。"爷爷，永川龙应该追不上来了吧？"亦寒拽着爷爷的衣角。D咕教授观察了一会儿，才松了口气，喃喃自语道："应该是我们走散了吧。"他们不知道，知奇和洛凡两个小鬼头独自在远处的一棵大树的树洞里藏着。

　　"知奇哥哥，我们得等到什么时候才能出去？"洛凡轻声地问。"嘘！"知奇把手指放在唇前，"我们再等等吧，等爸爸喊我们，我们再出去。"两个小鬼头蹲到腿已发麻，兔匪匪都已挨不住，一个劲地想挣脱洛凡的怀抱。茂密的森林里光线本来就不好，随着时间流逝，愈发黯淡下来。知奇心里也开始打鼓。他让洛凡先不要动："我是男孩子。我先起来看看。""知奇哥哥，你小心一点！"洛凡又紧张又担心。知奇弯着腰，从树洞里探出头，发麻的腿已经不听使唤，他一个踉跄从树洞里摔了出来。洛凡见状，也顾不得危险，赶快出来扶起知奇。周围除了树木还是树木，没有声音，也没有永川龙。两个小鬼头长吁一口气，瘫坐在地上。兔匪匪独自吃起地上的植物，它受到了惊吓，又饿又怕。

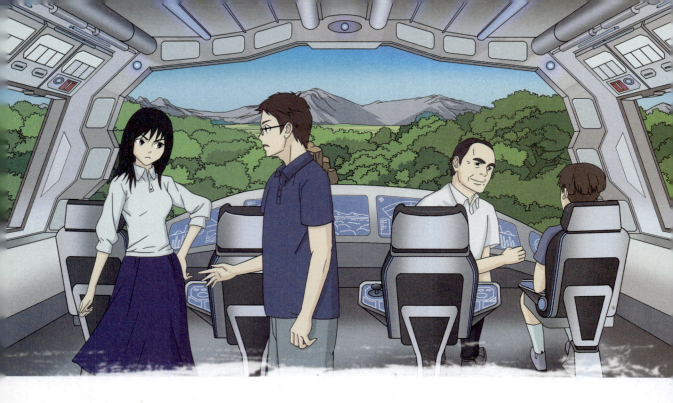

　　"看样子，我们和大家走散了。"知奇对着洛凡做出了一个遗憾的表情。洛凡低下头，看着兔匪匪，小声说："我也早发觉了，怎么办？""别怕，洛凡。我会保护你和兔匪匪。爸爸、妈妈、爷爷、哥哥肯定也在找我们。"知奇真的长大了，有大哥哥的担当了，"不过现在首要的任务是，我们得传递出我们的位置信息。不然即使联系上了爸爸妈妈，他们也没法找到我们。""嗯！"洛凡受到鼓舞，站立起来，"知奇哥哥，我们一起找。"

　　知奇看着四周高大的树木，脑海里生出了一个好主意。"我们得系一个标识到最高的树上面，然后在树下等。哥哥有小白蛇，如果他在找我们，肯定会让小白蛇到空中俯瞰。"知奇一本正经地告诉洛凡。"知奇哥哥，你真棒。"洛凡高兴得拍起手，"看，可以绑这个。"洛凡从口袋里拉出为亦寒生日宴会绑气球的彩带。两个孩子都兴奋不已，但接下来又都陷入了如何把丝带绑到树梢的难题。

　　D咕教授在关键时刻，启用了马头拐寻找D叔的时光波功能，带着亦寒与D叔和伊静汇合了。但此次汇合，却让大家的心都提到了嗓子眼。因为他们发现知奇和洛凡两个最小的孩子落单了。亦寒果断地让小白蛇变身为飞行器，带着大家在森林上空低空飞行，寻找知奇和洛凡。他在心里默念："傻弟弟，快打开A咪梦，联通我们啊。"

　　在森林深处，知奇正托住洛凡往高树上攀爬。但爬到树梢仿佛是遥遥无期的事情。"嗖，嗖，嗖。"急速穿梭过树叶的声响，震住了知奇和洛凡。"是爸爸吗？"知奇对着摇动的灌木丛喊道。"会不会是永川龙追来啦？"洛凡从树上下来，抱紧知奇。"嗖！"

一只全身披有毛发的、有着长长尾巴的、像鸟又像大鸡的动物，与俩小鬼头六目相对。"啊！"知奇和洛凡吓出了声，也把这只动物吓坏了。"A咪梦，A咪梦，快联通爸爸。"知奇顾不得自己的位置，启用A咪梦，"爸爸，爸爸，快来救我们。我们也不知道在哪儿。"

"知奇，在哪儿，洛凡在吗？"接到信息的D叔都激动得语无伦次了。空中的小白蛇定位到了A咪梦信号，一个俯冲接着智能变形。D叔和伊静终于抱住了知奇和洛凡。"长毛怪！"洛凡流下了一半高兴一半害怕的泪水，边哭边说。那只长毛怪看到一下子又变出几个从来没有见过的还会动的东西，竟然傻愣住。"是中华龙鸟！"D叔和D咕教授异口同声道。一转眼，这只中华龙鸟扭头就跑了。"特别难得，我得追上去看一眼！"D叔说完向中华龙鸟追去。大家也紧随其后，可不能再走散了。在两片森林的交界处，D叔停了下来，他回头笑着说："再追也追不上了，我们今晚就在这落脚吧！"

"你为什么不早点用A咪梦联系我们呢？"亦寒问知奇。知奇有点惭愧，讪讪地说："我想做好标记，再告诉你们，这样很快就能找到我和洛凡。""大家都平安，就是最重要的。"伊静分给大家食物，打开幻本。"好吧，爸爸讲一讲今天的长毛怪吧。"D叔边吃边说。

中华龙鸟
——第一个被发现的长羽毛恐龙

今天真的是我心惊胆战的一天。为了躲避永川龙，我和洛凡与大家走散了。我想保护洛凡，也想做好标记再联通爸爸，让大家为此担心了好长时间。最后，长毛怪出现，我也顾不得这么多，幸好亦寒哥哥的小白蛇很给力，找到了我们。不过我也夸奖一下我的小精灵A咪梦，如果没有它，我和洛凡可能真的就走散了。

下面，我正式开始写今天的探索生命日记了。

爸爸说他今天特别兴奋，要追着中华龙鸟走一趟，是因为中华龙鸟是中国地质科学院季强教授发现并命名的，它是中国乃至世界上第一个被发现的长羽毛的恐龙，意为"中国的有翼蜥蜴"，生活在1.25亿~1.22亿年前的我国东北辽西地区。"恐龙？"洛凡瞪大眼睛问道。D叔说："是啊。虽然它的名字叫中华龙鸟，但它根本不是鸟，它是鸟类久远的祖先，与暴龙类有很近的亲缘关系。除了有毛外，与鸟没有其他相似的特征，是一个地地道道的恐龙。今天你们也看到了，它个头不小，成年个体有2米。问你们一个问题，它最大的特征是什么？"我还没回答，亦寒哥哥抢答了："它的尾巴很长。"爸爸表扬了哥哥："非常好。中华龙鸟有长长的尾椎。这是它除了全身长有原始的绒毛外最明显的特征了。""为什么它有羽毛呢？"洛凡问。"它的毛发还不能

称为羽毛，应该更像小鸡的绒毛，是为了御寒。中华龙鸟前肢粗短、后肢粗壮，适宜奔跑，趾爪锋利，嘴里有粗壮锋利的牙齿。所以今天庆幸它没有着急地咬到你和知奇。"爸爸笑着回答洛凡。

最后，我的爸爸郑重地说中华龙鸟的发现极大地推动了恐龙是鸟儿祖先的研究，并最终科学地证明，鸟儿是由长毛的恐龙进化而来的。所以今天我和洛凡也算很幸运，亲眼看到了鸟儿的祖先，虽然它还不会飞翔。

今天的日记就写到这里了，请小朋友们继续跟随我的一家一起来探秘旅行吧。

夜凉如水。知奇嘟囔着："终于明白为什么中华龙鸟有绒毛了，因为真的很冷呢。"伊静从背包里拿出衣服，加盖在孩子们身上。孩子们睡后，伊静打开幻本，幻本安静的没有任何提示音。D叔轻拍伊静的肩膀："今天担心了一天，早些睡吧。"伊静莞尔而笑。其实，D叔内心愁绪密布，这次旅程和以前相似却又有说不出来的不同，他暗暗对自己加油鼓劲，一定带领大家平安归去。

D叔漫时光

D书墨香

温馨提示：扫码听故事

林中惊魂，巧避羽毛暴君龙

　　清晨，森林把阳光切割成一条条跳跃的金黄色的线。醒来的洛凡忍不住伸出小手，光线像弹奏钢琴般在手指间来回闪动。知奇配合着闭上眼睛，假装沉浸在美妙的旋律中。但一瞬间，"阳光钢琴"就消失了，不知从哪儿来的大雾弥漫在森林之中，遮住了温暖的阳光。

　　D叔赶紧让孩子们回到小白蛇帐篷里。"这雾是从哪儿来的呢？"伊静觉得很奇怪。知奇嘟起嘴说："我都考虑不叫这里为'龙之谷'，而是'雾之谷'了！"D叔看着伊静，回答她："我刚才看这雾涌过来的方向，应该是从河谷漫过来的。""嗯，可能还是那条大河又起了雾。也许这雾和河水是切换模式。"D咕教授凝着眉头说出了自己的推测。D叔点点头，表示赞同，说："等雾气消退，我们回到河谷。那时大河应该恢复，我们再顺流而下，离开这个有些蹊跷的地方。""太好了！"知奇一听到漂流，马上就来了兴致，"我可不想被困在'雾之谷'。"

　　一丝雾气像有魔法般，穿过帐篷的门帘，钻入了放在地上的D叔的背包。这个景象，惊讶住了大家。洛凡抓紧了旁边的伊静，瞪大眼睛问："是叔叔背包里藏了什么怪物吗？"知奇凑向前，手指着背包："爸爸，怪物在吸雾气呢！"D叔示意大家都靠后，他蹲下来，小心翼翼地打开了背包，让人意外的是，没有怪物而是亦寒的恐龙蛋化石正吸取着雾气。亦寒赶快拉紧帐篷门帘，阻断了雾气。D叔轻捧出恐龙蛋化石，仔细观察后，抬起头，意外又惊喜地告诉大家："这不再是化石了，而是真正的恐龙蛋了！"

"真的吗？！"知奇和洛凡跳起来，亦寒也从内心深处涌出了喜悦。

"没错，看来这里的神奇还真不少，这雾好像在赋予这颗化石生命一样，说不定还真能孵出一只恐龙。"D叔再次推测，"但是这个过程可能会很长。"伊静觉得这趟旅程由这颗恐龙蛋化石开启，也许离开这神奇的"龙之谷"，也得依靠这恐龙蛋。

"如果孵出来，我希望就是中华龙鸟！"洛凡说，"有毛的恐龙！"

"我希望是永川龙。"知奇喊道，"大大的恐龙，我们可以坐着它去旅行。"

"那也要听你的话才行。"亦寒打破了知奇天马行空的幻想，"爸爸，外面的雾好像淡了些。"

D叔收好恐龙蛋。大家准备完毕，打算跟随D叔穿越薄雾，回到河谷。知奇和洛凡还在争执恐龙蛋孵出什么恐龙才好。"最好是只霸王龙，我陪它长大，它就不会咬我。"知奇又从永川龙转换到了霸王龙。"中华龙鸟有羽毛，在这寒冷的天气，把它抱在怀里，一定很暖和！"洛凡想象着一只温暖的小恐龙。知奇指着洛凡怀里，说："你已经有兔匪匪了。"雾气在孩子们的一言一语中消散而尽，重现的阳光更显温暖而耀眼。

下行路面坡度越来越大，D咕教授每一步都要马头拐扎实地插在地面，亦寒和洛凡模仿着D叔和伊静抓着身边的树干，放慢速度缓缓往下腾挪。D叔想到背包里的恐龙蛋，前进时更为小心。知奇也挂念着恐龙蛋，总是紧跟着D叔，仿佛自己是恐龙蛋的护卫。

但这个恐龙蛋护卫一个不小心，眼看就要压在D叔的背包上。D叔一个侧身，知奇直往山坡下冲去，D叔一只手抓着树干，一只手抓着他的后背，但一时也难以把知奇拉回，动作和时间仿佛在这一刻静止。

"嗷。"一个血盆大口竟从山坡下向知奇张开。伊静已屏住呼吸，D叔一咬牙使出力气拽回知奇，打破了这静止，并喊出了："羽王龙！快跑！"刚刚下坡的路程转眼又变为爬坡竞赛。

张着血盆大口的羽王龙，也加入这场竞赛。被蹬踏的小石块、泥土还有不知名的杂草纷纷滑落到羽王龙的身上，它美丽的羽毛沾染了许多灰尘。羽王龙暴怒了，挺立身体，发出巨大的嘶吼。它接近两层楼高的身形投射的阴影笼罩住了所有人。洛凡和知奇已经吓得面色苍白。伊静和D叔使尽力气，托着三个孩子往上爬。情急时刻，D咕教授把插入地下的马头拐对准羽王龙的身子，连发了三翎箭头。中箭的羽王龙明显放缓了速度，D咕教授示意大家抓紧时间跑。D叔一行终于回到他们上夜扎营的地带，摆脱了羽王龙的追击。"呼，呼。"气喘吁吁的知奇气都没喘匀，就问爷爷："爷爷，羽王龙被你杀死了吗？"D咕教授累得没有说话，只摇摇头。亦寒似问似答道："肯定没有杀死。应该和上次龙族大战一样，只是麻醉了吧？！"D咕教授点点头。

大家席地而坐，都不敢回忆刚才惊魂的一幕。洛凡怯生生地说："那只恐龙也长了羽毛，还很漂亮。怎么那么凶呢？"D叔说："那是羽王龙，它可是肉食性恐龙。可以说是美丽的羽毛暴君啊。"

羽王龙
——身披羽毛的暴君

今天有一个好消息也有一个坏消息。好消息是亦寒哥哥的恐龙蛋化石变成真的恐龙蛋了，坏消息是我差点进入了羽王龙的血盆大口。关键时刻，还是依靠爷爷的马头拐，救了我和大家。看来以后我可不能再嫌弃爷爷用马头拐钩住我衣角了。

下面，我正式开始写今天的探索生命日记了。

爸爸说羽王龙是在中国辽宁省西部早白垩世地层中发现的一种新的暴龙类恐龙。成年的羽王龙体长8米左右，头骨长90厘米，体重大约1.4吨。你瞧！今天它发起怒来，真的吓死人了。不过它还是没有我喜欢的霸王龙大。爸爸说虽然羽王龙的体型比霸王龙小很多，但比辽西地区发现过最大的带羽毛恐龙还要大4倍呢。

洛凡觉得羽王龙长满了漂亮的羽毛，怎么还能这么凶狠？哎，难道女孩子都是这样吗，觉得毛茸茸的动物都是温顺的吗？爸爸说羽王龙是已知体型最大的带羽毛的恐龙，它身上的羽毛只是非常简单的丝状物，代表了一种非常原始的羽毛类型；这种结构类似于小鸡身上的绒毛，而与鸟类的飞羽有所区别。亦寒哥哥听后，竟然有些不屑地说："爸爸，羽王龙这么大，肯定不会像鸟儿一样会飞啊。"爸爸非但没有生气，还点了点头，说哥哥说得对，羽王龙庞大的体型和原始的丝状羽毛表明它们显然不具有

飞行能力，这些原始羽毛的重要功能是用来保温。

"爷爷麻醉它是对的，羽王龙的发现是具有重要意义的。它的发现改变了科学界认为羽毛只出现在小型恐龙身上的认识，至少在食肉恐龙中，羽毛的分布可能相当广泛。它的发现，也进一步证实了早期羽毛演化的复杂性。"爸爸感慨道。

兔匪匪怎么这么害怕呀，一个劲地往洛凡怀里钻。

今天的日记就写到这里了，请小朋友们继续跟随我的一家一起来探秘旅行吧。

受伤的羽王龙没有睡去，踉跄着出现在众人眼前。"估计剂量没够！"D咕教授边说边又补射了三下。D叔带着大家往另一端森林撤去。太阳早已下山，夜色开始笼罩森林。一条小溪在林间哗哗作响。D叔打量着小溪的水量，他在思索小白蛇变形的小船能否承载众人顺流而下。"应该可以的。我让小白蛇智能变形。"亦寒读懂了爸爸的心思。D叔看着亦寒，心里觉得既欣慰又温暖……

故事 5
情结彩石，知奇轻抚"大鸵鸟"

　　这一夜，大家在小船里随林间小溪漂流。河面时而宽阔，时而狭窄，时而蜿蜒，时而平直，小白蛇尽可能保护小主人一家的平稳，顺着溪流在林间穿梭。圆月在西边隐去，启明星在东方点亮，初升的太阳把温暖撒在疲惫不堪的D叔一家身上。漂流了一整夜的小白蛇也有些倦了，它停留在宽阔而清澈的浅滩处。溪水潺潺像在吟唱温柔的歌曲，抚慰着大家。

　　醒了的知奇，看着溪底被流水冲蚀的圆润又五颜六色的石头，一伸手拾起许多。洛

　　凡随后也加入，和知奇探讨着哪一颗最美丽。小船因此而稍微倾斜，亦寒端起了哥哥风范："够了，你们俩。过会儿船倒了，我们就都成落汤鸡了。"知奇收起石头，向亦寒做了个鬼脸。洛凡则递给亦寒一颗红蓝相间的石头，亦寒伸手接过，向着太阳仔细观察。大人看着孩子们的互动，觉得疲惫也少了些许。

　　短暂休息后，小白蛇发力驶过这一片浅滩，继续前行。知奇回头摆摆手："再见，彩石滩。""你真是起名小专家。"洛凡对着知奇夸赞。河面越来越宽阔，河水也越来越深，倒映着一碧如洗的蓝天，已经看不见河底。"哗啦啦，哗啦啦！"巨大的流水声响彻天际。D叔在船内站起，眺望前方："哎呀，不好，前面是悬崖。""是大瀑布！"小大人样的亦寒也不由自主地站起来。宽阔而深邃的河水如万马奔腾一般，从万丈高的山

顶倾泻而下，"飞流直下三千尺"也不过如此。飞溅的水汽已经润湿了大家的头发，知奇还张着嘴吸入这沁人心脾的水珠。小白蛇智能变形启动，超大的滑翔伞载着六人从高山顶向山脚降落。

孩子们沉浸在脚底的飞瀑和森林的美景中，D叔从高处俯瞰整个龙谷的地形，心下诧异：整个龙谷呈现椭圆形，高耸的群山像屏障在四周围起。他们这几天一直都在龙谷内跋涉，根本没有办法走出龙谷。连小白蛇都无力逾越这壁仞。

"兔匪匪！"洛凡的呼喊打断了D叔的遐想。众人着陆在谷底的草地上，洛凡怀里的兔匪匪一不小心在草地上翻了几个滚。亦寒赶快让小白蛇恢复原形，回到自己口袋休息。伊静看了看周围，向D叔投去是否就地扎营休息的询问眼神。D叔默契地点点头。妈妈赶快忙碌起来，为扎营准备。D叔小声向D咕教授说起了自己的诧异和怀疑："这个谷地的形状真的不像自然形成的。""是啊，不同时期的动物不可能同时出现啊。我也一直想不通。"D咕教授若有所思地回答。一旁的伊静淡淡地说："刚在高空中，我觉得龙谷的轮廓真的有点像那颗恐龙蛋。"说者无心，听者却为之振奋。D叔说："是啊。这里头肯定有玄机。关键是谁送的礼物？"伊静停顿，

望着D叔，两人同时念出："亦寒？"

此时的亦寒正在草地上，看着洛凡和知奇正在分他们从"彩石滩"收集的石头。"一共29个。洛凡你挑15个好了。这个是粉色的，你肯定喜欢。"知奇边数边分配。"知奇哥哥，我送了一颗给亦寒哥哥。我只要14颗好了。"洛凡也谦让起来。

"过来吃东西吧！"妈妈温柔呼唤道。一路颠簸，饿坏了的孩子们连草地上的石头都顾不上收拾就跑去吃饭了。D叔小心翼翼地从背包里拿出恐龙蛋。"爸爸，它好像又变颜色了。真的会变成活的恐龙吗？"亦寒上前抚摸着他心爱的生日礼物。"亦寒，你知道是谁送的这么珍贵的礼物吗？"伊静云淡风轻地问起。亦寒立马缩回手，自己拿起面包啃起来。没有察觉到任何异样的知奇狼吞虎咽地吃完，就跑回去拿自己的石头。

"不对呀。谁拿了我石头？"知奇大喊。还在吃东西的洛凡摇摇头。"知奇，快过来。"亦寒眼尖地发现知奇背后有一只"大鸵鸟"，喉咙正蠕动着。知奇一回头，和"大鸵鸟"来了一个深情对视，双方都被吓到了。"大鸵鸟"一个转身躲进了旁边的灌木丛。知奇跑回妈妈的怀抱，D叔摸了摸他的头："那是似鸟龙，你的石头呀，肯定被它吞了。""那它不吃人，吃石头呀！"知奇俏皮地问。

似鸟龙
——像"大鸵鸟"的恐龙

今天是美好又惊险的一天，我体味了"鲁滨逊漂流记"还有"飞屋环游记"。哥哥的小白蛇真给力，变形为小船护着我们漂流了一整夜，我还在"彩石滩"捡到了许多漂亮的石头；后来在遇到危险的瀑布时，小白蛇又变形为滑翔伞让我们滑翔到草地上。也就是在这片草地上，"大鸵鸟"偷吃了我的彩石。

下面，我正式开始写今天的探索生命日记了。

爸爸说这只"大鸵鸟"其实是名副其实的恐龙，它的名字就叫"似鸟龙"，属似鸟龙类恐龙。似鸟龙生活在晚白垩世，9750万~6640万年前，化石发现于中国西藏和北美洲。体长约3.5米，高2.1米，重100~150千克，看起来非常像现在非洲的鸵鸟。爸爸说似鸟龙的视野开阔，视力较好。我和它对视时，也只关注到它那双大大的眼睛了，都没有仔细看其他的特征。爸爸说似鸟龙类体型高大，轻巧苗条，骨头中空，后肢细长，是2足恐龙，脚长有3趾，肌肉发达，非常适宜奔跑，长长的尾巴可以保持身体平衡，身上长有细细的羽毛，前肢也有长长的羽毛，形如鸟的翅膀，末端有细长的趾爪，便于捕抓食物。

"它不是吃石头的吗？"洛凡赶紧问D叔。"哈哈，似鸟龙是植食性恐龙。似鸟龙

类与现在的鸟类一样，嘴里没有牙齿，它们吞下石块存放在胃内，把吞到胃里的食物碾碎成糊状。"D叔说完，我和洛凡都检查自己丢失的石头，真的都是小粒的。听完爸爸的讲解，我真的喜欢上这只"偷石头的大鸵鸟"了，如果它还能回来，我可以把我所有的石头都送给它。

今天的日记就写到这里了，请小朋友们继续跟随我的一家一起来探秘旅行吧。

亦寒捧着正在蜕变为真正恐龙蛋的化石，心下想，这蛋内会不会也是这么可爱的似鸟龙呢。D叔仿佛看透了他的心思："答案要等到破壳那天呢！"亦寒微笑着回应爸爸。

"知奇哥哥，看，似鸟龙又来了。"洛凡发现了"大鸵鸟"的身影。知奇攥紧手里的彩石，向它身边慢慢靠近。再次的对视，知奇和似鸟龙少了初次的惊讶。知奇摊开手掌，"大鸵鸟"低下头吞了一颗彩石。知奇激动得热泪盈眶，他想起了前一次《四足时代》之旅的小林蜥，淡淡的思念涌上心头。他伸出手，轻轻抚摸了似鸟龙的羽毛。洛凡和亦寒也没忍住，悄悄跟上来，吓到了"大鸵鸟"，它转过身快速跑走了。

"好了，孩子们。天色也晚了！"妈妈招手让他们回来，"似鸟龙也需要回家休息啊！"三个孩子收敛起失望的表情。亦寒拿出小白蛇，变形为帐篷。这跌宕起伏的一天终于迎来了真正歇息的时候。

故事 **6**
无心插柳，阿拉善龙解难题

　　即将破晓的河谷，太阳还未冲破云层，只照亮一两片云彩。远处的山峦像染了墨色般，河流的水泛着冷峻的青色，黎明的寒意让早起的D叔倍感清醒。他轻轻捧出恐龙蛋，蛋壳仿佛又薄了许多，D叔看着河水，竟然有一丝矛盾。他一面想河水尽快转换成神奇的雾让恐龙蛋早点孵化，另一面又想让大家顺河流而下，尽快走出这似牢笼的龙之谷。

　　"D叔，看那儿！"伊静的提示暂时打断了D叔内心的矛盾，他顺着伊静的手望去。前方半山坡的树林里仿佛有农家似的，竟然升起了袅袅"炊烟"。这"炊烟"并没有随风飘荡，而是直接向D叔手中的恐龙蛋袭来。D叔和伊静面面相觑，静等着手中的蛋吸取这"炊烟"。陆续醒来的孩子们跑过来，还没有看清楚被烟雾环绕的恐龙蛋，袅袅"炊烟"就停止了传输。D叔深吸一口气，将恐龙蛋交给站在身后多时的D咕教授，吩咐伊静照看好孩子们。他决定孤身前去一探究竟。伊静紧紧抓住D叔的手，担忧和不舍透过手心的汗都传递给了D叔。D叔像从前一样，拍拍她的手背，告诉她一切都会好的。

"亦寒，你作为哥哥，要照顾好弟弟和妹妹，爸爸一会儿就回来！"D叔鼓励着亦寒。知奇上前拉住D叔，半天只挤出了"爸爸"两个字。D叔笑着摸摸他的头："爸爸很快就回来，你和洛凡在这玩一会儿，说不定昨天的似鸟龙会回来找你们。"

　　简单收拾后，D叔背上背包，往前方树林走去。"神奇的'炊烟'到底从何而来？莫非这树林里也有一条在水和雾之间转换的小溪？"D叔边穿梭边思索。渐渐的，山坡越来越陡峭，出现了越来越多的松树。"原来'炊烟'来源于松林！"D叔心想。攀爬了一路的D叔在松林间寻得一块空隙，他放下背包，站上一块高石，往谷底家人在的方向眺望，隐隐约约看到了帐篷顶部，D叔的心也放松许多。他开始专心打量周围的各类松柏，推测也许'炊烟'来源于某棵松柏的自燃，如果推测正确，他得找到这棵可能蕴藏着线索的树。可是没有任何火的痕迹，树木大都郁郁葱葱且枝干挺拔，除了那棵正在剧烈摇摆的松树外。D叔背起背包，快步奔向那棵左右摇晃的树。在树后等待D叔的，不是风也不是火，更不是会切换模式的河流，而是一只身材瘦长、披有毛发正努力啃食松柏树叶的恐龙。D叔情不自禁地喊道："阿拉善龙！"他第一时间想奔回谷底营地，告诉大家恐龙蛋极有可能就是阿拉善龙。D叔回到石块那儿再向谷底眺望时，却发现谷底消失了。"伊静！"D叔瞬间脸色有些苍白……

在谷底等待D叔归来的伊静和D咕教授心如火燎，但他们必须要保持冷静，照顾好孩子们。知奇和洛凡将剩下的彩石凑在一起，希望似鸟龙还能出现。亦寒守着自己的恐龙蛋，希望爸爸能早点带回恐龙蛋孵化的线索。"爸！"伊静努力控制着自己的情绪，"D叔离开多久了？"D咕教授还没回答，一旁的知奇站起来，"妈妈，我用A咪梦联系爸爸，让他快回来。"大家都不约而同地站起来，期待着A咪梦的发挥。然而，D叔没有任何回应，A咪梦只能重复地回答："暂时联通不了，暂时联通不了。"一道晕眩闪入亦寒的双眼，他体内的芯片随即传来黑暗隐者的信息："亦寒，你的D爸爸应该迷失在另一片时空了。现在开始，由你主导了。等恐龙蛋孵化，你会找到生肖犬秘钥，记得一定保存好。我们龙城见，你还有我这个E爸爸，哈哈哈哈！"

"爸爸！"亦寒和知奇竟然异口同声地呼唤起D叔。"妈妈，爷爷。"亦寒忍住芯片的刺痛，"爸爸遇到危险了，可能迷失在另一片时空了。我们要去救爸爸！"。洛凡抹去泪水，也露出坚定的表情："阿姨，我们一起去救D叔！"

孩子们的坚定鼓舞了伊静和D咕教授，他们克制住焦虑和担心，冷静应对：让小白蛇留在营地，以备D叔自己回来。伊静知道早上"炊烟"升起的地方，她在前方带路，孩子们紧跟着伊静，D咕教授走在队伍的后面，一行人往松林攀爬。"D叔！""爸爸！""叔叔！"叫喊声和着回音在山野漫开。

听不到呼唤的D叔，却有心灵感应般，他告诉自己亲人肯定会着急和担心，无论是谁设置了这样的困难，自己一定能克服。D叔凭借自己多年的野外经验，找准谷底方向，

往山下行进。但无论走了多少次，走了多远，最后都回到了同样的松林空隙，面对同样的一块高石，还有同一只吃着松柏树叶的阿拉善龙。D叔对着阿拉善龙说："我做了大半辈子的科学研究，总想亲眼看看你们活着的样子。每次的神奇之旅，有艰险有困苦，但也都满足了我的夙愿。你看即使未来的你灭绝了，但此刻你还是坚强又乐观的为活着而努力。这是生命的意义！我也一样，不能放弃。"本以为是一场对牛弹琴的说话，但这只阿拉善龙像听懂了D叔的话一般，它昂起头，停止了咀嚼，用它那几乎与后肢同样长

的前肢，用力抓住面前的松柏，疯狂晃动起来。被晃动的有些晕的D叔，再次睁开眼时，面对着自己的是泪流满面的伊静。孩子们拥上前，抱住D叔，放肆地哭起来，站在后面的D咕教授眼眶也红了。这悲喜交加的历程，最让人疲累。D叔赶紧安慰大家，带着众人回到守候在营地的小白蛇帐篷，讲述了分开之后的故事。

阿拉善龙
——拥有长前肢与手指的手盗龙

爸爸要给我们讲他今天遇到的阿拉善龙，但我的心仿佛还没有从"失去"爸爸的恐怖中恢复过来。一早为了找到恐龙蛋孵化的线索，爸爸就独自上山去探寻"炊烟"的来源。时间过得很慢，A咪梦联通不了爸爸。爸爸说他忽然就被困在松林空隙，怎么都走不出来。后来还是阿拉善龙疯狂摇晃一棵松树，也许就这样打开了时空之门，我们和爸爸才重逢了。虽然我无法想象阿拉善龙摇晃松树的样子，但爸爸显然希望我们记住这只非常重要又值得感恩的阿拉善龙。

下面，我正式开始写今天的探索生命日记了。

爸爸说阿拉善龙的化石发现于中国内蒙古阿拉善地区，所以命名为阿拉善龙。它属于镰刀龙类，生活在早白垩世，约1.12亿年前，指爪长是它的最大特征。阿拉善龙身长3.8米，站起身高1.5米，体重约380千克。"虽然我们以前研究时，就知道它的前肢有1米长，后肢长1.5米，也就是说前肢和腿差不多长。但实际见到，还是觉得很不可思议。最后时刻，依靠着阿拉善龙的前肢摇摆松树，才让我得以回来！"听爸爸说完这段话，我都很感谢手和腿一样长的阿拉善龙。"叔叔，所以阿拉善龙主

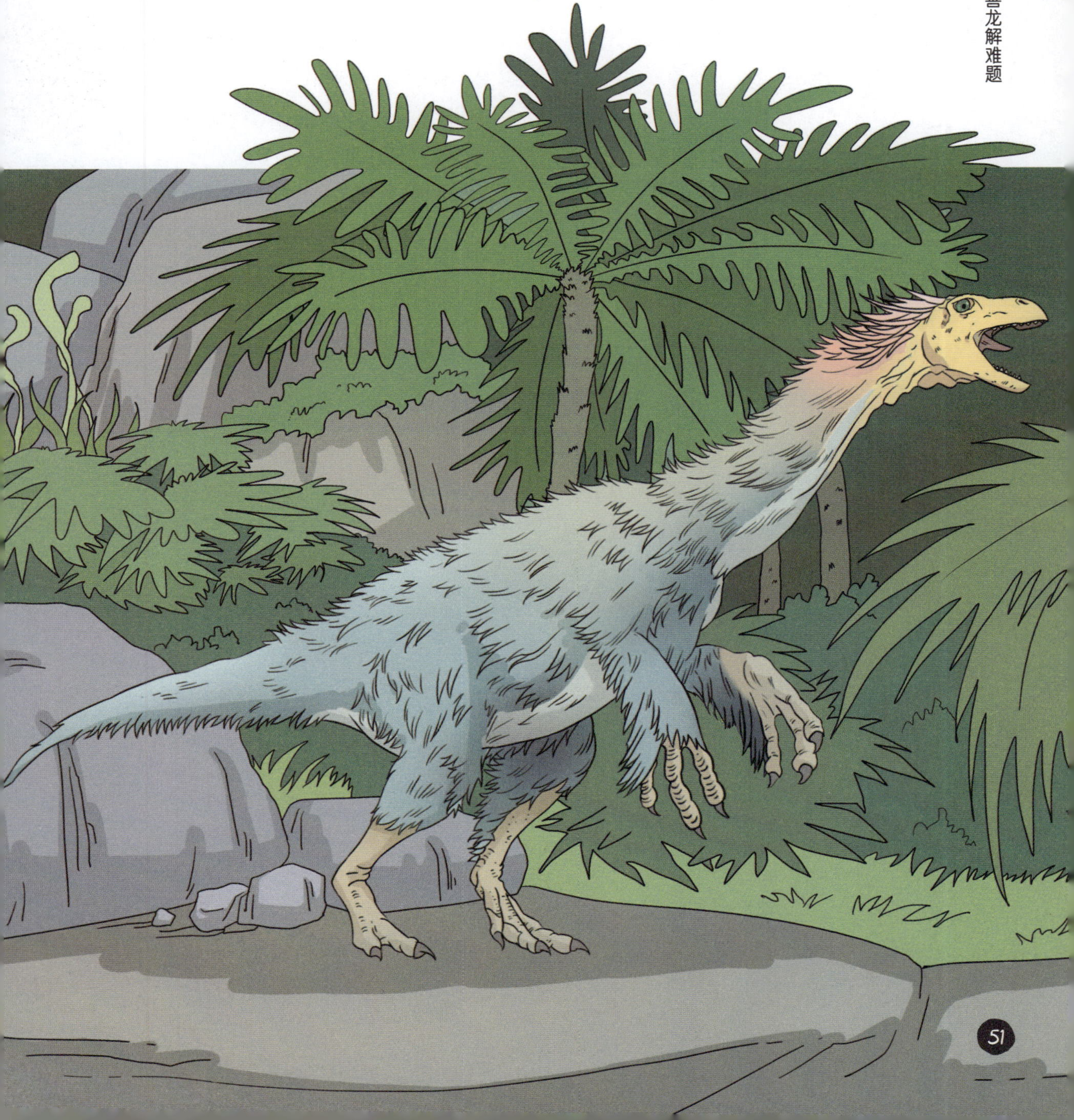

要就是吃松柏类树叶吗？"感兴趣的洛凡开始提问了。"是的，洛凡。"爸爸继续说，"阿拉善龙也属于手盗龙类。手盗龙类是个虚骨龙类演化支，在种系发生学上包含鸟类，以及与它们亲缘关系最近的恐龙。它包含镰刀龙下目。当然这些分类的知识，你们三个小鬼头学习起来还有难度。我就是想告诉你们手盗龙类拥有长前肢与手掌，用来抓取食物，因此取名为手盗龙类。"

好了，我亲爱的爸爸，我听来听去就感觉爸爸由衷地赞赏阿拉善龙拥有长而细的前肢。当然我超级理解，我也感谢可爱的阿拉善龙，虽然我没能亲眼看到它。

今天的日记就写到这里了，请小朋友们继续跟随我的一家一起来探秘旅行吧。

疲累的孩子们和D咕教授早早睡去。伊静看着D叔，却迟迟不敢闭上眼睛。D叔轻轻地说："今天你辛苦了，快些睡吧！"伊静摇摇头："以前无法理解'风雨不怜黄花瘦，急煞阶前掌灯人'，今天真的能体会到这种无能为力的感觉。以后不管怎样，我们还是一起行动吧，再也不要分开了。"D叔使劲地点点头，伸出双臂抱了抱伊静。温暖的怀抱让身心俱疲的两人渐渐睡去。

D叔漫时光

温馨提示：
涂出创意

53

D书墨香

温馨提示：扫码听故事

54

伊静紧握着D叔的手睡了一夜，她特别害怕这一大家子的主心骨D叔又被无形的力量分开。天边还是鱼肚白色，D咕教授就醒了，这一夜他也没能睡踏实。D叔跟着D咕教授一起轻轻地走出了帐篷。黎明下的森林仍然笼罩在蓝色的薄雾里，万物都仿佛在静静等待阳光的唤醒。"爸，您不用太担心！"D叔看着一言未发的D咕教授宽慰着。"嗯。父子兵同在战场上，没有什么可担心的。"D咕教授深吸一口气，"不过，现在战况是敌在暗，我在明。你一定要和孩子们牢牢在一起。以后有打探的地方，我先去。""爸！"看着平时老顽童似的D咕教授少有的一本正经的嘱咐，D叔竟然有些哽咽。

这一天，代替阳光洒向森林的是淅沥的雨水。树木的抵挡，让雨水错落有致地降落，听上去像交响乐章。"哎呀，我屁股都湿透了！"知奇对着亦寒嚷嚷。亦寒翻了个白眼，但还是吩咐小白蛇，变形为高台阶的防水矮棚。兔匪匪总想挣脱洛凡的怀抱，去雨地里撒欢。洛凡边抱紧兔匪匪边劝说："小宝贝，等雨再小一点。现在出去，你就变成大泥兔子了。""爸爸妈妈，我们今天得在这等一天吗？"倍感无聊的知奇有些坐不住了。"孩子们，我和妈妈还有爷爷商量了。我们得开一个严肃又活泼的家庭会议。"D叔的笑容里透着严肃。三个小鬼头，不由自主地都坐直了身体。

"爸爸昨天上山，意外与你们分开。虽然在阿拉善龙的帮助下，我们重聚了，但其中有太多的蹊跷。而这些蹊跷，我们大人都还没能完全弄明白。"D叔说完，挨个向孩子们投去关切的眼神。亦寒碰到D叔的眼神，像碰到了炽热的太阳一般，立马低下了头。他的心脏在扑通扑通地加速跳动："要不要告诉爸爸，是E博士爸爸捣的鬼呢？算了，E博士爸爸也许也不知道这个龙谷所有的事情。"亦寒的各种念头在心底和脑海纠结，他甚至都没有听清D叔之后说的话。等他回过神来，只听到D叔的总结话语："总之，从现在开始，我们任何人都不要单独行动。牢记这一点，明白了吗？"知奇和洛凡点头如捣蒜，回过神的亦寒也点了点头。

雨声渐渐停止。危险的恐龙、隔开众人的障眼法还有越不过去的山顶都在山坡上，相对而言还是宽阔的谷底更安全。D叔想带着大家回到谷底，他站起来，吩咐大家收拾好东西，趁着雨水间歇，向谷底行进。"亦寒哥哥，怎么还不让小白蛇变回原形啊？"洛凡看着四下摸索的亦寒问道。"爸爸，恐龙蛋被你收到背包了吗？"亦寒有些焦急地问。D叔摇摇头："恐龙蛋快要孵化了，这几天夜晚，你都要自己保管。"亦寒体内的芯片传来阵阵刺痛，断断续续地传来："生肖犬秘钥"。"不好了，恐龙蛋不见了。"刺痛和焦急折磨着亦寒，他竟跪下，双手环抱着自己。伊静见状赶快蹲下，把亦寒深深搂在怀里："亦寒，没关系。爸爸一定会找回它的。""哥哥，你是不是又要做噩梦啦？"知奇看着脸色苍白的亦寒，不舍地问。芯片传递来了黑暗隐者的命令："必须找到恐龙蛋，拿到生肖犬秘钥。不然你们永远走不出这龙谷。"豆大的汗珠密布在亦寒额头，D叔和D咕教授赶紧从背包里翻找出药水，喂他服下。

服过药水的亦寒，脸色终于慢慢恢复。"必须得找回恐龙蛋！"泪眼婆娑的亦寒望着伊静。伊静和D叔用力地点点头。"等你好一些，我们就出发。肯定就在附近。"D叔看着亦寒坚定地说。伊静和洛凡留在营地，照顾亦寒。D咕教授和D叔带着知奇，出发去寻找丢失的恐龙蛋。

"昨晚睡前，我还看到哥哥小心翼翼地把恐龙蛋放在床头。"知奇边走边说。"昨夜，我睡得并不踏实啊。但也没发觉有什么异常。"D咕教授也边回忆边分析。"爷爷，也许在你打盹的时候，有个怪物把蛋偷走了。"知奇瞪大眼睛假设道。但说者无心，听者有意。前面带路的D叔回头，看着知奇，露出了微笑。"怎么了，爸爸？"知奇丈二和尚摸不着头脑地问。D叔狡黠笑道："我们得往树上找了。"不找不知道，一找吓一跳。在一棵高大的树杈上，D叔真的找回了恐龙蛋。

"是我们的恐龙蛋吗？"知奇又惊又疑。"确定是。相信爸爸的眼力。看那儿！"D叔指着高树上。一只体长快1米的"大鸟"从这棵树上跃起，拖着长长的尾巴，跳到另外一棵树上。"那就是你说的偷蛋的怪物。"D叔笑着说。"是原始祖鸟啊！"D咕教授定睛看完，有些狐疑地问D叔。"爸爸，快说快说。"知奇抱着恐龙蛋催促爸爸。"先抱好恐龙蛋，送回给哥哥。"D叔嘱咐道，"回营地，我们再详说。"

原始祖鸟
——火鸡大小的恐龙

今天，爸爸召开了重要的家庭会议，再次强调此次旅程与前几次有很大的不同，让我们以后一定不能单独行动。等我们集体准备出发时，哥哥发现他的恐龙蛋不见了，可能因为担心或者着急，哥哥像生了病一样，就像上次旅程中被噩梦困住一样，脸色发白，额头全是汗水。我特别心疼哥哥，好在服了药后，他缓和了许多。我和爸爸、爷爷一起出发去寻找丢失的恐龙蛋。然后，爸爸神奇地在树上找到了恐龙蛋，而且还找到了偷蛋的贼——原始祖鸟。

下面，我正式开始写今天的探索生命日记了。

爸爸说在讲解原始祖鸟之前，要科普一下窃蛋龙类和镰刀龙类。原始祖鸟就属于窃蛋龙类，它比镰刀龙类更接近于鸟类。正如我们看到的一样，原始祖鸟大小如火鸡，体长约1米，体重约10千克。生活在早白垩世，约1.25亿年前，化石发现于中国辽宁西部。

"知奇，你看到原始祖鸟时，它显著的特征是什么？"爸爸竟然考起我了。我想了想回答："原始祖鸟的尾巴很长，长着又长又多的羽毛，嘴巴也与现在的鸟类嘴巴相似。嗯，头上还有个冠。"爸爸夸赞我观察得非常仔细："很好。原始祖鸟具有喙状嘴，有长长的尾巴，身上发育着长又丰满的羽毛，头顶有骨质冠饰。""那它吃什么呢？是想吃亦寒哥哥的恐龙蛋吗？"洛凡问。"哦，不是，可爱的洛凡。原始祖鸟有大大的眼睛，嘴里布满牙齿。除吃一些树叶外，也捕食昆虫或小型动物。它前肢修长，有3个趾爪，后肢较长，肌肉发达。可能生活在树上，但只能在树之间跳跃。"D叔接

过妈妈递过的水，喝了一口后继续说，"原始祖鸟属窃蛋龙类，它有孵卵的行为。说不定亦寒的恐龙蛋被它孵了大半天呢。"亦寒哥哥听完，终于露出了欣喜的表情，抚摸着失而复得的恐龙蛋。他问爸爸原始祖鸟是不是真的鸟。爸爸说，从进化上来说，原始祖鸟是始祖鸟爷爷的爷爷，它仍是一只恐龙，而始祖鸟才是最原始的鸟。

　　我觉得哥哥的恐龙蛋就快要破壳而出了，我想去摸摸它，感受一下原始祖鸟孵过的温度。

　　今天的日记就写到这里了，请小朋友们继续跟随我的一家一起来探秘旅行吧。

　　"哥哥，你感受到里面有动静吗？"知奇边摸恐龙蛋边问亦寒。亦寒耸耸肩，表示没有感觉到。洛凡凑过来，做了个嘘的手势，悄悄地说："我们说话要小点声，万一吵到蛋里的恐龙就不

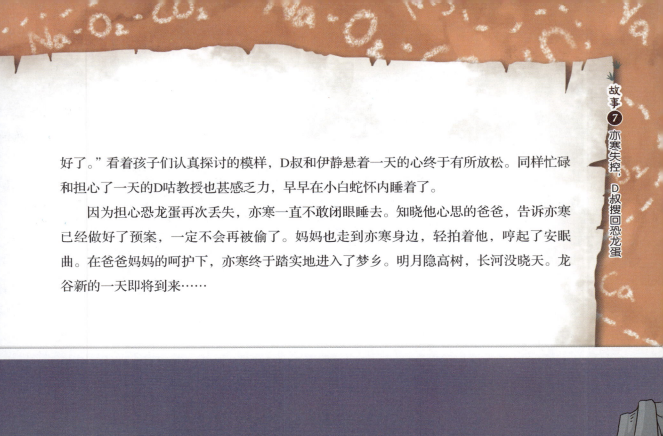

好了。"看着孩子们认真探讨的模样，D叔和伊静悬着一天的心终于有所放松。同样忙碌和担心了一天的D咕教授也甚感乏力，早早在小白蛇怀内睡着了。

因为担心恐龙蛋再次丢失，亦寒一直不敢闭眼睡去。知晓他心思的爸爸，告诉亦寒已经做好了预案，一定不会再被偷了。妈妈也走到亦寒身边，轻拍着他，哼起了安眠曲。在爸爸妈妈的呵护下，亦寒终于踏实地进入了梦乡。明月隐高树，长河没晓天。龙谷新的一天即将到来……

　　没有阳光也没有雨露，阴沉的天空泛着灰白。大家吃着伊静准备的早餐，她则开始收拾行囊，准备新一天的跋涉。D 叔一家小心地在龙谷中探索，雾起时就地休息，雾散时沿着河谷前行。D叔和D咕教授都觉得这龙之谷奇怪的地方太多，他们希望带领伊静和孩子们尽快走出去。"爸爸，能歇会儿吗？我觉得我的脚都起泡了。"赶了大半天的路，知奇几乎要手脚并用了。D叔抬头远眺，看到前方高山上倾泻下一条白瀑，他鼓舞大家："看，前面又有一条瀑布，我们走到那儿再休息吧！"

飞溅的水花带着湿润的草香，沁人心脾。知奇脱下自己的鞋袜，嚷嚷着要用潭里的水洗去乏累。细心的伊静观看周围，她问D叔："D叔，我总觉得这里我们来过！"地质科学家的敏感早就让D叔发现了端倪，他点点头："这就是我们前些天差点随水流冲到潭底的瀑布！""知奇！你看，这是我们的彩石，似鸟龙没有吃的那颗！"洛凡惊喜地从地面捡起她和知奇收集的彩石。"我们一直在兜圈！"D咕教授露出了严肃的表情。

　　"会不会是E博士爸爸设的局啊！要不要告诉爸爸呢？"一旁的亦寒看着有些慌乱的大人们，心里充满了矛盾。"既来之，则安之吧。说不定我又能与我的大鸵鸟重逢！"知奇有口无心的话语，竟然解开了D叔的心结。他说："大家就在此休息吧！总会有办法的。"伊静有个想法，她私下征求D叔意见："D叔，要不然我们找回龙之谷的入口吧？"D叔微笑地看着伊静："亲爱的，你忘了那入口早就被巨石封堵了。别担心，我保证我们会有转机。别忘记，你还有幻本呢，关键时候它会给我们线索的。"伊静不由自主地握紧了D叔的手："其实只要我们大家不分开，这些困难都不算什么。"D叔知道伊静还因上次的分离而心有余悸。

　　"洛凡，哥哥，你们也来啊！洗洗脚，神清气爽。"一双小脚荡在水潭里的知奇招呼着洛凡和亦寒。握着彩石的洛凡走过来，把石头递给知奇："既然似鸟龙不要了。我们保留吧！"亦寒也走过来，对着瀑布想着自己的恐龙蛋什么时候才能孵化。

　　明明是阴沉的天气，在傍晚时分，竟然放晴。绯红的晚霞像巨大的火凤凰飞舞在天空，夕阳的光芒反射在瀑布上更让人眩目。亦寒眨了眨双眼，他让知奇和洛凡帮忙确认瀑布背后是不是有亮光在闪烁。夕阳落入了群山的怀抱，但瀑布后的光芒却愈发闪亮。闻讯赶来的D叔，也觉得很是特别。亦寒让小白蛇变形飞行器去探个究竟。记录了瀑布后面景象的小白蛇让大家都惊讶不已，原来瀑布后面是一个巨大的山洞，闪亮的光来自洞后的豁口。"极有可能，那就是龙之谷的出口！"D叔难掩兴奋之情。

　　"小白蛇变形防水飞船！"在亦寒的指令下，小白蛇载着D叔一行转眼就进入了瀑布后的山洞。与其说是山洞，不如说是一个半封闭的廊桥，连接着龙之谷和另一未知的地域。穿堂的风发出了独特的呜呜声，像一位神秘的山谷隐者吹奏古老的陶笛。

　　高大又茂盛的树林把天空遮得密不透风。"阿姨，我们就像爱丽丝一样，进入了一个仙境！"洛凡对着伊静说。走在队伍最前头的D叔做了个手势，大家都停下安静地聆听。"是鸟叫吗？"知奇转了转他的大眼睛问道。"在那！"洛凡扯着知奇的衣袖往一边的高树上指了指。"哦！我说的没错，爸爸，看，那有鸟！"知奇高兴地叫起来。爷爷的马头拐又伸了过来，轻轻敲了敲知奇的肩膀，用低沉又饱含力量的话语说："小点声，可别吓到了近鸟龙。"

　　"近鸟龙，那是鸟还是恐龙啊？"亦寒好奇地问。

"是恐龙。"D叔回答，"快到晚上了，我们明天再探索这新的地方吧。亦寒，你让小白蛇变成透明屋顶的房子，这样可以仔细观察近鸟龙，我也可以好好观察一下新地方。"

"好的，爸爸。"亦寒连忙答应，"小白蛇，看你的了！"

近鸟龙
——最像鸟类的恐龙

　　今天，最累的是我的双脚，爸爸一早就带着我们跋千山涉万水，誓把龙之谷踏穿。可是最后我们又回到了与似鸟龙相遇的瀑布那里。大人们都挺慌乱的，但我觉得没什么。因为没有什么比上次爸爸消失不见更吓人的了。清凉的潭水让我劳累的双脚恢复了力量。哥哥发现了瀑布后面的山洞。我们穿过了山洞，来到了现在这一片森林中。

　　洛凡说这是爱丽丝仙境，爸爸觉得天色晚了，先落脚明天再去探索这个"仙境"。虽然我还不知道洛凡的判断是否准确，但我们遇到了很像鸟的恐龙——近鸟龙。这不，爸爸已经开讲了。

　　下面，我正式开始写今天的探索生命日记了。

　　爸爸说近鸟龙属于小型有羽毛的恐龙，是原始的近鸟类，生活在1.60亿年前，发现于中国辽西，很接近鸟类了，所以叫近鸟龙，但它并不是鸟。"它好小，就和鸟一样呢。"亦寒还在纠结它怎么会是恐龙。我能理解哥哥的疑问，因为我们这次遇到的永川龙、羽王龙都超级厉害，而这近鸟龙小巧的让人觉得就应该是鸟类。爸爸说："近鸟龙身长34厘米，重约110克，是已知最小的恐龙之一。它的翅膀末端有趾爪且锋利，嘴里有尖锐的牙齿，具有了一定的飞行能力。这些特征显示其比始祖鸟更为原始，飞行能力还不如始祖鸟。准确地说，近鸟龙应该会滑翔。""叔叔，我知道始祖鸟，那近鸟龙是始祖鸟的爷爷吗？还有，近鸟龙这么小的恐龙，它吃什么呢？"洛凡好奇地问。"可以说它们是始祖鸟的祖爷爷，比原始祖鸟更为进步。近鸟龙应该以昆虫为食。"爸爸认真地回答。

好可惜，天色暗了，我不能看到它们滑翔的样子，也看不到它们捕食昆虫的样子。我要早早休息，明天一早来目睹近鸟龙的风采。

今天的日记就写到这里了，请小朋友们继续跟随我的一家一起来探秘旅行吧。

看着屋顶外高大的树冠阴影，想着自己与近鸟龙比邻而居，疲累的孩子们还欣喜得无法安睡。伊静耐心地哄着，应洛凡的要求，讲起了爱丽丝的故事。知奇看着洛凡还有兔匪匪，觉得洛凡就真的如同爱丽丝一样，他告诉洛凡D叔的探秘之旅比爱丽丝的仙境之旅更美妙，起码没有可怕的女王，洛凡眯着眼喃喃道："可是有恐龙呀！"夜色就在孩子们的童话故事中弥漫开……

故事 ⑨
龙蛋终出，崎岖道路变通途

　　这一片森林异常茂密，地面铺满了腐朽的树木根茎，阳光、空气几乎都被密不透风的树叶屏蔽。初见近鸟龙的兴奋逐渐退去，D叔一行愈走愈吃力。D咕教授挂着马头拐，实在跟不上，坐在了长满不知名青苔的树干上。伊静从背包里拿出水壶，赶紧送给D咕教授。D叔也有些心焦："爸，这森林怕有瘴气，我们不能停留太久。""嗯。天黑之前，

我们得走出这片树林才安全。"刚说完，D咕教授就一鼓作气站起来，用马头拐指着前进方向。

　　光线开始暗淡，温度明显下降，薄雾开始升腾，转眼间已没过D叔的小腿。抱着兔匪匪的洛凡，脸上泛起了不正常的红晕。伊静抱起洛凡，D叔抱起知奇，孩子中亦寒的个头最高，这个时候只能让大哥哥担负更多责任了。"爸爸，我感觉现在树越来越稀疏了。"视野最高的知奇首先感觉到变化。"看，阿姨，那边好亮！"恢复了生机的洛凡也看到了不远处的光亮。看到希望的众人，用尽最后的力气，向光明处奔去。

逃脱这瘴气密布的森林，迎接他们的是混着青草泥土香的夜风。大家都大口大口地呼吸着新鲜空气，仿佛重生一般。D叔四顾，发现这是森林和高山之间的一段过渡草场。而这草场的三面全是高耸的大山，从某个意义上来讲，D叔他们进入的是一个暂时舒适的草地牢笼。但孩子们已经顾不上这些，知奇和洛凡躺在草地上看着晚霞褪去，期待着星空垂幕。亦寒小心翼翼地从背包里拿出恐龙蛋。伊静向D叔投来是否就地扎营的眼神。D叔没有办法多想，示意先在这草地"牢笼"休息。

篝火与星空相辉映。孩子们吃完晚餐，围着恐龙蛋，他们都能感受到蛋壳的轻薄。大人们在商量明日的行进方向。伊静不停翻看自己的幻本，她一直在等待幻本给出回龙城的线索。D叔和D咕教授商量，绝不能再带着孩子们冒险回穿这片森林。但如何翻越高山，也是摆在D叔一行面前的难题。

"啊！""啊！""啊！"三个孩子同时的喊叫声打断了D叔的思索。"怎么了？"伊静迅速跑到孩子身边。"惨了，蛋破了。"知奇带着哭腔说。D叔和D咕教授几个箭步冲过来，从亦寒手中接过恐龙蛋。D叔轻轻将恐龙蛋立起，小声说："小恐龙要出来啦！"亦寒惊讶的双手捂住自己张大的嘴巴，然后又和兴奋不已的知奇、洛凡拉紧小手。紧张、兴奋、好奇，数不清的感觉混合在一起，赶走了众人的疲惫和睡意。伊静听从D叔指示，从背包里拿出了柔软的衣物，垫起一个迎接恐龙出生的小窝。D咕教授和D叔测量着温度，将小窝安置在离篝火适当的位置。一切准备就绪，大家屏住呼吸，静候小恐龙的破壳。

恐龙蛋一端的小洞明显在扩大，而缝隙沿着这个小洞逐渐扩展，最后横穿整个蛋面向另一端裂去。知奇按捺不住，小手已经伸向蛋壳的缝隙，想帮助小恐龙剥开蛋壳。D叔及时制止了他，摇摇头："目前来看，小恐龙能自己爬出来。"首先露出的是小恐龙的头，在像两只翅膀的脚的用力推动下，它的大半个身子离开了蛋壳。一只长有长长指甲的后脚出来了，另一只带长指甲的后脚也紧跟着出来了。全身粘着湿润的羽毛的小恐龙终于爬了出来，靠在小窝里。偌大的恐龙蛋壳，空空如也了。

"爸爸，这是什么恐龙啊？""爸爸，我们喂什么给它吃啊？""叔叔，它会不会冷啊？"孩子的问题一个接一个。D叔和D咕教授正忙着照顾刚孵化出的小恐龙，无暇回答。伊静笑着对孩子们说："好了，宝贝们，该睡觉了，爸爸和爷爷会照顾好它的。等明天，爸爸会告诉你们所有的答案。"纵有千般不舍，也得听大人的话，况且这辛苦的一天的确耗尽了体力，孩子们在小白蛇变形的帐篷里，带着期许，呼呼地睡去了。

"哇，它的成长速度应该被加速了的。"D叔看着已经能飞翔的小恐龙向D咕教授和伊静感慨道。"是啊。不过能亲眼看到小盗龙的飞姿，还是得感谢这幕后加速的手啊。"D咕教授眼神随着小盗龙上下起伏。"爷爷，这是会飞的恐龙，太棒了。"醒来的亦寒不敢相信自己的眼睛。"我许的愿也实现了。哥哥，我偷偷祈祷过，希望是长羽毛的恐龙。"洛凡高兴地拍起手。

"小盗龙满足了你们俩的愿望。知奇，准备好了吗？"D叔笑着问知奇。

小盗龙
——会飞行的四翼恐龙

快要闷死人的森林，走不出的高山，这些困难在小恐龙破壳而出之际都算不得什么。亦寒哥哥和大家一路守护的恐龙蛋终于现出了它的庐山真面貌。爸爸说它是会飞行的、长有羽毛的四翼恐龙——小盗龙。

下面，我正式开始写今天的探索生命日记了。

爸爸说小盗龙与我们之前在森林里看到的近鸟龙，从某种程度上说，就像我和亦寒哥哥一样，是"一奶同胞"，真正的兄弟。它们两者都有可能是鸟类的祖先。

小盗龙生活在1.3亿~1.25亿年前，发现于中国辽宁。它们身长大概是42~48厘米，体重1千克。难怪亦寒哥哥的恐龙蛋不是那么大、那么沉。我看到小盗龙长得非常漂亮，它的头上有漂亮的头冠，尾巴像一把扇子，爸爸说我观察得很对。小盗龙头部有明显凸起的羽毛冠饰，身体覆盖一层厚羽毛，羽毛呈不对称状，尾巴末端有个钻石状羽毛扇，这可以增加它在飞行中的稳定性。小盗龙在体型、羽毛、心脏结构、血液循环等方面都与鸟类似。它不仅可以滑翔，还可以飞行。除长有发达的翅膀外，两条腿上也有羽毛，所以有"四翼恐龙"之称。"叔叔，它像鸟，但还是恐龙，是不是？"洛凡跟爸爸确认。爸爸说："小盗龙嘴里有牙齿，四翼末端有发达的趾爪，是一种会

飞的恐龙，是最接近鸟的恐龙，它也可能是鸟的直接祖先。"

今天的日记就写到这里了，请小朋友们继续跟随我的一家一起来探秘旅行吧。

"犬，秘钥！犬，秘钥！"妈妈的幻本发出了清晰的提示音。D叔一行虽然被困在草地"牢笼"，但好消息总是一个接一个。"看来，我们找到生肖犬秘钥，就可以回到龙城了。"伊静高兴地说。"而且我们离它应该不远了。"D叔给大家加油打气，"收拾行囊，开始行进。""可是爸爸，我们该往哪去呢？"亦寒的话像冷水泼向了大家。

"啾。"盘旋在空中的小盗龙发出了声响，它飞向正面的高山。"小盗龙！"担心它安危的亦寒大喊。神奇的是，小盗龙并没有撞向高山。"吱呀"一声，刚刚坚固似屏障的高山，像被劈成了两半。"是我们来龙谷时的入口吗？"知奇天真地问道。小盗龙缓缓飞过山间空隙，D叔一行跟着它的身影徐徐走到山的另一侧。"啾。"小盗龙鸣叫后，口中衔来一根自己的羽毛，交到亦寒手中，像是在跟亦寒告别。"你不跟我们一起吗？"亦寒呆呆地捧着羽毛，不敢相信地问它。小盗龙摆起自己漂亮的尾巴，张开翅膀飞回了山的那边。霎时间，高山仿佛隐去，如小盗龙一般消失不见……

D叔漫时光

温馨提示:
涂出创意

D书墨香

温馨提示：扫码听故事

故事 10

自豪满怀，目睹热河鸟风采

　　"这次真的离开了龙之谷！"D咕教授长吁一口气。洛凡左看看右看看，撇着小嘴："我们没有回到龙城呢！""也好，也不好。是不是？"知奇回应着洛凡。亦寒攥着小盗龙送给自己的羽毛，他心里有说不清的失落，一路呵护的恐龙蛋，照顾着长大的小盗龙，最后却像从未曾拥有过一样，只留下了这根纪念的羽毛。

　　知子莫如母！伊静明了亦寒的失落，她走到亦寒身边："把小盗龙送给你的羽毛保存好吧。你这样捏着，会弄弯它的。亦寒，小盗龙离开自己的家太久了，它只是回家了，像你一样！"妈妈温柔的话语，宽慰了亦寒。他点点头，把这根珍贵的羽毛收进自己的口袋。

　　众人的身后是云、是雾，还是隐去的高山都不重要了。D叔明白该抓紧时间带领大家前行，去追寻生肖犬秘钥的身影。呈现在他们面前的是浩瀚如海洋的森林。"爸爸，我们是又要进入森林吗？"知奇追上D叔问。"害怕又有瘴气啊？"D叔碰了碰知奇的鼻头，"有警觉意识很重要。我们面前这片森林和龙之谷的有明显的不同，放心跟着爸爸走。"伊静的幻本闪烁的指示光芒也愈来愈亮，靠近森林，"犬，秘钥！犬，秘钥"提示音再起。这让大家信心倍增，D叔也确定前进的方向没有错。

跟随幻本"犬，秘钥"提示音响起的，还有亦寒体内的芯片讯号。一阵阵的刺痛袭向亦寒："我的好儿子。保存好小盗龙的羽毛，在这森林里，注意收集鸟类的羽毛，它们是呼唤生肖犬秘钥的关键！""亦寒哥哥！"洛凡拽了拽神情恍惚的亦寒。回过神的亦寒，挤出了笑容，加快步伐跟紧队伍。

"老爸，老爸！"队伍最前面的D叔，激动得有些语无伦次，大声喊D咕教授。"怎么了？"走在队尾的D咕教授用马头拐护住队伍，做好随时战斗的准备。"快看，那是热河鸟吗？是不是我看错了。"D叔边说，边往前追去。D咕教授听后，也拄着马头拐跟上。"真的是，真的是。""是，就是热河鸟！"D叔和D咕教授激动地相拥而泣，马头拐都被扔在一旁。愕然的伊静和孩子们在一旁，又好奇，又有一些感动。

稍稍平复了心情的D咕教授父子，觉得在孩子们面前有些失态，都有些不好意思。D咕教授咳嗽了两声，拿起马头拐。D叔擦去眼角激动的泪水，对着伊静咧着嘴笑了。伊静抿着嘴，打开背包，拿出食物和水，让大家就地休息，瞬间化解了尴尬。

"爸爸，热河鸟是什么鸟？"知奇忍不住问起。"不一定是鸟呢，说不定还是恐龙。"亦寒说道。D叔一口深呼吸后，欢欣的眼神温暖了孩子们："这次真的是鸟类呢！热河鸟是我们祖国发现的第一只鸟，它是我们著名科学家周忠和院士发现并命名的。""咳！所以小鬼头们，能理解爷爷和爸爸刚才的激动了吧！"D咕教授说道。"理解，超级理解！"知奇高高地举起手，样子好玩极了。大家难得地开怀大笑起来。

　　"可是我还没看到这第一只鸟。"洛凡说出了亦寒和知奇，包括伊静的遗憾。"我们小点声说话。在这等，它们就在这附近的树上。"D叔压低声音道。孩子们瞬间都停止了咀嚼食物，跟随D叔猫在树下安静地等待，等待一睹第一只鸟儿的风采。

　　"嗖——"一只靓丽的身影从半空中穿过。D叔打着手势问大家看清楚没，孩子们高兴地点点头。有什么比这个时刻更美好的呢？

热河鸟
——中国发现的第一只鸟

在小盗龙的帮助下，我们终于逃离了龙之谷，但没有回到龙城。洛凡肯定有些失望，但我觉得我们还可以继续探险也是很棒的事情，也许我还有机会可以亲眼看见一只霸王龙！我都能想象如果有一只霸王龙出现在我和哥哥面前，我们该有多激动，肯定就像今天的爷爷和爸爸一样，相拥而泣。

下面，我正式开始写今天的探索生命日记了。

爸爸告诉我们，热河鸟是由我国著名科学家周忠和院士发现并命名的。它是中国发现的第一只真正的鸟，比在德国发现的世界上的第一只鸟——始祖鸟更接近现代鸟类。热河鸟的体长约45厘米，是植食性鸟类，生活在1.45亿~1.25亿年前，它的化石发现于中国辽西地区。正因为是在我国境内发现，又是被我国科学家命名的，所以我也能理解爷爷和爸爸看到热河鸟时的激动不已了。

始祖鸟和热河鸟的出现是脊椎动物进化史上的第六次巨大飞跃，长有飞羽，体温恒定。

爸爸说，热河鸟具有鸟类所有特征：两足，前肢为翅膀；心脏由2个心房、2个心室组成，属4室型心脏；具有动脉血与静脉血完全的双循环系统；恒温，体温较高，

通常42摄氏度；卵生；全身覆盖有羽毛，有坚硬的喙而无牙齿；身体呈流线型，具有飞行能力，树上栖息生活，而且是"建筑"高手；有气囊和发达的胸肌，利于飞行。

"爸爸，那鸟与长毛恐龙到底有什么区别呢？"亦寒哥哥提了一个很好的问题。爸爸说："鸟与长毛恐龙的主要区别是，鸟有发达的飞羽，而长毛恐龙的飞羽没有鸟儿发达。"

"不过呢，热河鸟虽然是一只鸟了，有发达的嗉囊，吃种子。但它仍保留有许多恐龙的特征，比如翅膀上保留有趾爪，有尾椎骨，嘴里有牙齿。它是最原始的鸟。"爸爸继续补充道。

"能看到热河鸟，是我们这趟旅程最有价值的地方之一。要知道热河鸟发现的最重要意义是为鸟类恐龙起源说提供了新证据。"爸爸最后谈到了热河鸟的重要意义，让我不禁对那树上的热河鸟产生了无比的敬意。

今天的日记就写到这里了，请小朋友们继续跟随我的一家一起来探秘旅行吧。

"羽毛，热河鸟的羽毛！"亦寒体内芯片传来了清晰的指令。他思索了片刻，向D叔询问："爸爸，热河鸟的窝会在那棵树上吗？""阿，这个我们还得观察。要等傍晚的时候，看热河鸟飞向哪棵树栖息。"D叔回答。亦寒听后，默默地捧出小白蛇，就地扎营了。这一举动让D叔和伊静面面相觑，最后还是D咕教授打破了僵局："我看这里也适合休息，今夜就在此吧，让孩子们近距离观察一下热河鸟！"知奇和洛凡举双手赞成，他们听完D叔的讲解，对热河鸟的兴趣又增加了。

夜幕开始低垂，归心似箭的热河鸟在林间飞驰。细小的绒毛在半空中漂浮，知奇和洛凡像追逐蒲公英一般追抢着热河鸟的绒毛。冷静的亦寒守在树底，如愿以偿地拾到了热河鸟的一片飞羽。他小心翼翼地收起，与小盗龙的羽毛一起放在贴身的口袋。"哥哥，你是要做羽毛收集大师吗？"知奇打趣亦寒。亦寒白了弟弟一眼，然后就钻入帐篷，独自睡去了。

故事 11
河水漫溢，知奇手快护幼鸟

"洛凡，你猜我们现在在什么地方？"知奇一脸认真地问。洛凡眨着大眼睛反问："难道我们不是一直在你命名的'龙之谷'吗？""嗯，我们在小盗龙帮助下走出了'龙之谷'，来到了'鸟之林'。"知奇说，"我想了一整天，觉得'鸟之林'这个名字特别好。""是很好。这个'鸟之林'比那个乌烟瘴气的森林好很多。"洛凡想起那片森林，打个寒战说道。

亦寒一路沉默不语，芯片传递的刺痛频率越来越高，给予的信息也逐渐清晰，就是让他收集'鸟之林'各种鸟类的羽毛。在这样的信息下，亦寒格外注意路过的每个地方，他安慰自己，不管是为谁找到秘钥，秘钥会带着他们安全返回龙城，这就足够了。

"听，有溪水的声音。"伊静提醒D叔。D叔正想先去看个究竟，D咕教授提起马头拐快速上前拦下。"你忘了？之前咱父子说好的。"D咕教授说到，"我去打探一下。"说完，就循着水声而去。"我也遗传了老爸这股倔脾气啊！"看着D咕教授的背影，D叔心生感慨。就地等待的亦寒，拿出了心爱的两根羽毛，边摩挲边发呆。D叔以为亦寒还沉浸在与小盗龙分别的伤感中。"亦寒，天下无不散的宴席。"他坐到亦寒身边，"就像妈妈曾对你说的一样。你和知奇有天也会长大，也会像小盗龙一样，离开爸爸妈妈，去寻找属于自己的天空。"亦寒收起羽毛，看着爸爸，感

到温暖都在心底流淌。

　　"是一片水上森林！"D咕教授提着马头拐小跑着回来了。D叔赶紧站起，上前迎接："爸，不着急，您别摔着了。"D咕教授调皮地敬了个礼："队长，我圆满完成任务了吧？""爷爷，难怪爸爸常说您是老顽童。"知奇在一旁起哄。"不能没有礼貌。"伊静不怒自威的话语，让知奇吓得吐了吐舌头。

　　大家跟着D咕教授往水上森林行进。地面越来越潮湿，众人换上了防水装备。地面的水已经淹没了洛凡的脚踝，一丛丛树木的根系在水下盘错。D叔提醒大家注意脚下，

因为一不小心就有可能被绊倒。"爸爸，这就像红树林！"亦寒边走边说。D叔赞许地点点头。"就是这片了！"D咕教授停下脚步，"再往前走，估计水就深了。"一座座青山脚下，竟然是一整片的浅河，河中纵横着隆起的土坡，坡上是婀娜多姿的绿树。山葱茏，水清澈，处处是碧绿，而山上幽深的森林还传来似有还无的鸟语。D叔示意亦寒，亦寒领会，让小白蛇变形为一叶扁舟，载着众人驶入了这一片山水。扁舟漂至两条隆起土坡之间，两侧茂盛树木遮住了天。知奇兴奋地呼喊自己是在穿越森林隧道。D咕教授也难得地拾起久违的诗兴："鸟语催沽酒，鱼来似听歌。""看来，下次背包里还得备点酒。"伊静笑着悄悄对D叔说。

大人们进入了小憩，而亦寒和洛凡却各怀心事。亦寒体内芯片刺痛频率明显在增加，他知道自己必须要打起十二分精神寻找秘钥。洛凡触景伤情，她回忆起春天时与爸爸妈妈在龙城湖心公园划船的情景，那时湖岸的垂柳就如同此刻两边的树一样绿得耀眼。"小白蛇，慢一些。看那里！"知奇指着岸边一棵大树上。亦寒和洛凡放下各自心事，站了起来，顺着望去。D叔告诉孩子们，树上是孔子鸟的巢。"小白蛇，停下！"亦寒对着小船下了指令。D叔拿出望远镜，仔细观察后，递给一旁守候的孩子们，"真是太美妙了。现在刚好是小孔子鸟孵化的季节。"洛凡看完孔子鸟家庭，她黯然神伤的将望远镜还给伊静。

伊静关切地安慰落泪的洛凡。洛凡抬起头问："连孔子鸟都能团聚，为什么我的爸爸妈妈经常不在我身边？"D叔坐到洛凡身边："洛凡，你的爸爸妈妈是伟大的地质科学工作者。就像D咕爷爷年轻时一样，也像D叔一样，长年在野外工作，但他们肯定天天都想念你。""是啊，洛凡。其实我爸爸也经常不能陪在我和哥哥身边。"知奇也安慰道。"洛凡，你是不是想回龙城了？没关系，我们很快就能回家了。"亦寒的安慰话语总是让大家惊诧。洛凡抹去泪花，抿着嘴笑了，她也长大了，不想让大家再因为自己的情绪而烦恼。

　　"好了！那我们详细了解一下美丽的孔子鸟吧，不枉大家亲眼看见它们。"D叔准备开讲了。

孔子鸟
——最著名的中国古鸟

　　这次神秘之旅，虽然没有上次的炫彩滑梯，但我们遇到了很多美丽的风景。今天，我们在爷爷的带领下，来到了一片'水上鸟之林'，爷爷吟了诗句，表明他也觉得这里美不胜收。哥哥的小白蛇超级棒，它变形的小船灵活又舒适。我们看到了树上孔子鸟的家，家里还有孔子鸟宝宝。其实什么都很好，就是这个场景可能让洛凡想爸爸妈妈了。我也有些矛盾了，我既想和家人一起继续神秘旅程，但我也舍不得洛凡因为想念龙城而伤心。爸爸开讲了，我可不能开小差了。

　　下面，我正式开始写今天的探索生命日记了。

　　爸爸说孔子鸟是一种小型的古鸟，它可能是热河鸟的直接后代。生活在晚白垩世，1.25亿~1.1亿年前，化石发现于中国辽宁省北票市。孔子鸟是目前已知的最早的拥有无齿角质喙部的鸟类。

　　我看到孔子鸟的爸爸有长长的尾巴，非常漂亮。但我的爸爸说，那不能说是它的尾巴，而是长长的羽状尾翼。除了美丽的尾翼外，孔子鸟的羽毛真的是华丽丰满，非常美丽。像大部分动物一样，雄鸟要比雌鸟美丽，不像我们家，妈妈比爸爸漂亮。

　　爸爸说孔子鸟颌骨无牙齿，取而代之的是尖尖的角质喙，前肢脚趾有大而弯曲的

趾爪，整体上比始祖鸟更进步。孔子鸟是植食性动物，实行"一夫一妻制"，雄鸟有保护幼鸟的行为。"它们过着群居生活。所以我们如果仔细看周边，会看到有很多孔子鸟的家庭。"爸爸最后总结。

　　D咕教授补充说："孔子鸟是最有名的中生代鸟，它的发现更进一步证实始祖鸟非鸟类进化主流，也打破了始祖鸟独霸侏罗纪百余年的局面，让科学家们的研究更全面。""是啊！"爸爸说，"所以我们要为祖国自豪。"

　　今天的日记就写到这里了，请小朋友们继续跟随我的一家一起来探秘旅行吧。

"D叔，我们要上岸扎营吗？"伊静问道。D叔摇摇头："隆起的土坡太窄。我们得在小船上过夜了。"一轮满月升起，碧绿的河面此时闪烁银色的波光。D咕教授还没来得及吟诵诗歌，河水开始快速上

96

涨，扁舟都随之剧烈摇摆。"这算潮汐的影响吗？"亦寒一脸认真的样子逗乐了D叔，他摸摸亦寒的头："也有可能吧！"小白蛇发力抛下锚，稳住了小船。"扑腾"一响，什么东西从树上正掉向小船。眼疾手快的知奇，不顾小船晃动，站起来伸出手，刚好接住了——竟然是一只孔子鸟宝宝！"太险了。差点就没接住呢。"知奇小心翼翼地将它捧着。月色下，长长羽翼的孔子鸟爸爸直向知奇冲来，D叔见状赶快将孔子鸟宝宝接过，送给它。

漂亮的孔子鸟爸爸轻衔住自己的宝宝，飞回树上，又仿佛有灵性般，将一片自己的羽毛飘落至知奇的手上。洛凡用羡慕的眼神凝视这根漂亮的羽毛，说："知奇哥哥，这是孔子鸟爸爸送给你的感谢礼物。"知奇咧着嘴笑了，对这羽毛爱不释手。亦寒心有遗憾，他明白他也需要这根羽毛。天色已经暗了，在伊静的催促下，大家终于躺下准备入睡。

故事 12

鹰击长空，四根神羽唤秘钥

　　清晨，月亮还挂在天边未曾隐去，亦寒就醒了。他坐在船头，任晨风吹凉自己发烫的额头，仿佛这样能减弱体内芯片越来越强烈的刺激。他的脑海闪过一个念头："如果E博士爸爸真的关心我，他为什么要这么做？设置龙谷，隔离D叔，植入刺痛自己的芯片……"看到亦寒不在船舱，伊静一个骨碌就翻起了身。船头亦寒瘦弱的背影让伊静觉得虚惊一场。她坐到亦寒身边："宝贝，睡不着吗？你脸色不好，是不是不舒服？"边说边摸了摸亦寒的额头，"不好！不要在这吹风了，都发烧了。"亦寒轻轻推开妈妈的手，有些不好意思地说道："没关系，妈妈，我能坚持，反正我们应该快要回到龙城了。"伊静条件反射地看了一眼自己的幻本，蓝色提示光芒的确一直在闪烁着。她搂了搂亦寒："你已经成长为男子汉了，妈妈很为你自豪。"亦寒看着一路奔波还要照顾大家的妈妈也露出了疲惫和憔悴，他告诉自己要坚持，一定要找到秘钥。

　　月亮终于消退，像一抹白云浮于蓝色的天空。阳光洒满了小白蛇变形的小船，温暖了D叔一行。他们告别了"水上鸟之林"，开始向河流深处漫溯。河面渐宽，河心隆起的土坡已经不复存在。"叔叔，我们是不是到了大海里？"看着烟波浩渺的水域，洛凡问。知奇抢着回答："洛凡，我有个好主意。你尝口这水，咸的就是大海，淡的就是大江呗！""我觉得这主意很好，知奇你尝后告诉我们。"亦寒对着知奇说。"嘿嘿，哥哥，爸爸肯定不会让我们尝的。"知奇讪讪地笑了，"哥哥，我觉得应该让小白蛇变形快艇了。不然我们得漂到什么时候才能上岸啊！"知奇的这个建议倒是得到了D叔的肯定。亦寒命令刚下，"嗖——"，小白蛇带领众人在江面风驰电掣前行。

"犬，秘钥！犬，秘钥！"幻本急促地响起提示音。"小白蛇，减速！"亦寒急忙让小白蛇减缓前行速度。伊静打开幻本："D叔，在江面发出这么急促的声音，难道秘钥会在江底吗？"D叔凑过来，想了想，让小白蛇分别往左岸和右岸行进，对比幻本的提示音。大家发现越往左岸行进，提示音响起的频率越高。"小白蛇，全力往左岸行进。"随着亦寒命令，小白蛇铆足了力气，像一道闪电劈开了江面。

　　岸边搁浅的一段又一段的浮木组成了木栅栏拦在众人面前。D叔和D咕教授在最前面，小心地搬开浮木，为上岸扫清障碍。大家深一脚浅一脚地踩在泥泞土地上，刚刚升起的即将找到秘钥的兴奋心情逐渐退去了。走过泥泞地带，是一片低矮的灌木丛，远处有几棵异常高大的树，看上去显得格外孤独。正午阳光直射向毫无遮挡的D叔一行，燥热烦闷的情绪开始蔓延。

　　兔匪匪一个劲地想挣脱洛凡怀抱，"哦，可怜的兔匪匪，你肯定是饿了。"洛凡抱紧它，"可是现在还不能下去。"D叔见状，鼓舞大家道："我们先赶到那几棵高树下。在阴凉的树荫下休息片刻。"

　　"哥哥，能让小白蛇带我们去到树下吗？"知奇又打起了小白蛇的主意。亦寒没有回应，一方面他要让小白蛇休息恢复，另一方面体内芯片持续的刺激让他明白秘钥随时

会出现，不能错过每一处。等到达后，才发现这几棵树可真不是一般的高，巨大的树冠撑起了一整片的阴凉。D咕教授坐在树根上，喘着气，这一程也快耗尽了D咕教授的体力。伊静和D叔分给大家食物和水后，打开幻本，期望有更明确的线索指示。洛凡赶快把兔匪匪放下，让它觅食。"四根神羽呼唤秘钥！"清晰的提示音通过芯片直达亦寒脑海。他像中了魔法一般，立定在原地，任由思绪在脑海交织："四根？我只有两根，小盗龙和热河鸟的。哦，还有知奇的孔子鸟的。那第四根在哪里呢？在哪里呢？"

"兔匪匪，快救兔匪匪！"洛凡在大声哭喊。她指着树冠的方向："是老鹰，一只老鹰把兔匪匪抓走了！"果然，一只巨大的"苍鹰"用利爪勾住了兔匪匪，往高树上飞行。D咕教授用马头拐向"苍鹰"勾去，但却扑了个空。"是中国鸟！亦寒，快，让小白蛇追上。"D叔摇晃着还在发呆的亦寒。他回过神来，捧出小白蛇，"智能变形"，灵巧的小白蛇变形的飞行器点燃了蓝色的推进火焰，瞬间追上了中国鸟，空中轻微的相碰，中国鸟完全失去了平衡，松开了利爪。小白蛇接住落下的兔匪匪，回到地面。"小白蛇，你又出色地完成了任务。"知奇代替洛凡向小白蛇道出了感谢。"兔匪匪，你没事吧？"洛凡摸着受了伤的兔匪匪，流下了心疼的眼泪。而亦寒则眼尖地发现了兔匪匪身上黏着的中国鸟的羽毛，他快速又小心地捏起。D叔看了看这根羽毛："真的是中国鸟！""为什么中国鸟还这么坏，差点吃了兔匪匪！"知奇生气地质问。D叔一边给兔匪匪止血一边说："幸好兔匪匪逃过一劫。中国鸟类似现代的猛禽，是以小动物为食的啊。"

中国鸟
——似猛禽的中国古鸟

在妈妈幻本的提示下，我们今天从烟波浩渺的江面登上了一处凶险的江岸。这里不是龙之谷，也不像鸟之林，就只有几棵高大的树。而这树上住着超级可怕的中国鸟。就是这只鸟，差一点点就把洛凡的兔匪匪吃了。想起来，我的心都疼，更别提洛凡该有多伤心了。万幸的是亦寒哥哥的小白蛇总是超级给力，我好羡慕哥哥啊。

下面，我正式开始写今天的探索生命日记了。

爸爸说，中国鸟原称"三塔中国鸟"，是一种古鸟（因翅膀结构不同于现在的鸟而命名）。它属于中型鸟类，生活在1.3亿年前，化石在中国很多地方都被发现了，尤其是辽西地区发现最多。中国鸟的头骨较短，喙很短，嘴里有牙，牙齿构造与始祖鸟相似。但总体特征比始祖鸟更进化。

爸爸说，中国鸟犹如现在的猛禽，有锋利的趾爪，两翼宽大，腿羽丰满，以小型动物为食，翅膀末端有爪子，形似现在的猛禽，如鹰和雕。就是这锋利的爪子把兔匪匪的背弄伤了，可怜的兔匪匪现在还在洛凡怀里疼得直打哆嗦。"中国鸟具有明显的鸟类特征，是一只真正的鸟。它具有很强的飞行能力，你们今天应该都感受到了。它

　　能够在树上做窝，而始祖鸟只能在地上奔跑。"爸爸继续说，"中国鸟是我们探索恐龙向鸟类进化的重要证据。它是从恐龙向鸟类的过渡形态，是带有某些恐龙特征的原始鸟，与恐龙有更近的亲缘关系，也是介于始祖鸟与现代鸟之间的一个物种。"

　　爸爸今天的开讲，只有我听得最仔细了，洛凡在为兔匪匪担心，亦寒哥哥不知道在发什么呆。

　　今天的日记就写到这里了，请小朋友们继续跟随我的一家一起来探秘旅行吧。

"犬，秘钥！犬，秘钥！"伊静身上幻本的提示音再次急促响起，但毫无头绪的她，有些失措："D叔，我们赶快动身寻找吧。"D叔点点头。"不用了！"一直发呆的亦寒坚定地说。他走到知奇面前，"知奇，把你的孔子鸟羽毛给我！""为什么？你都有好几根了。"知奇嘟着嘴，捂住自己口袋，明显有些不舍。亦寒严肃地命令："要想找到秘钥，就把它给我！"知奇抬眼看看爸爸妈妈，迟疑后把羽毛递给了哥哥。亦寒掏出小盗龙的羽毛、热河鸟的羽毛、中国鸟的羽毛，还有知奇给自己的孔子鸟的羽毛，将它们叠放在幻本上。幻本蓝色的光芒愈来愈强烈，包裹住四根神羽，一道耀眼的金色光芒掩盖了蓝色。当光芒散去，千呼万唤的生肖犬秘钥已经静静地躺在幻本上。伊静和D叔都喜出望外，暂时忘却了为何亦寒会知道这条线索。知奇则红着双眼，因为他发现他的孔子鸟羽毛消失不见了。

　　伊静看了看兔匪匪，用奇笔在幻本上写下龙城宠物医院。无论还有多少疑问和遗憾，此刻，回家的时候到了……

D叔漫时光

温馨提示：扫码听故事

我的探索迷宫·恐龙到鸟演化图

温馨提示：
填一填，你认识的
古动物名称

107

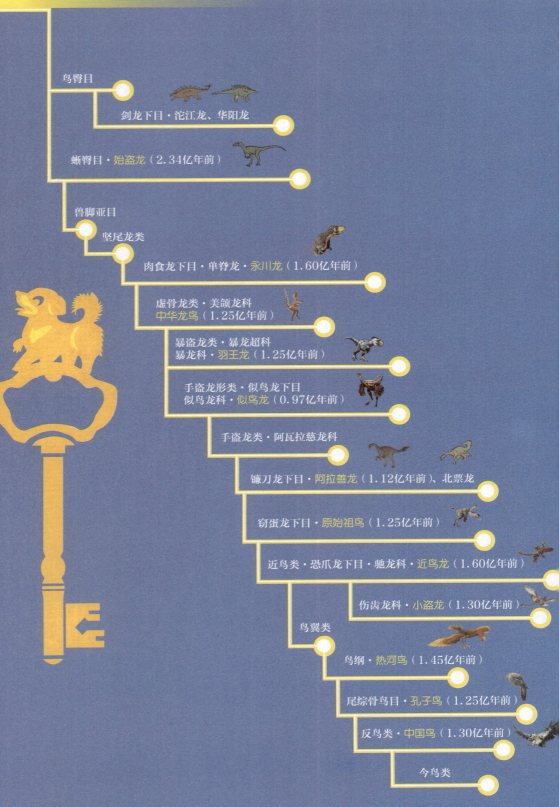

我的探索迷宫·恐龙到鸟演化图

鸟臀目

剑龙下目·沱江龙、华阳龙

蜥臀目·始盗龙（2.34亿年前）

兽脚亚目

坚尾龙类

肉食龙下目·单脊龙·永川龙（1.60亿年前）

虚骨龙类·美颌龙科
中华龙鸟（1.25亿年前）

暴盗龙类·暴龙超科
暴龙科·羽王龙（1.25亿年前）

手盗龙形类·似鸟龙下目
似鸟龙科·似鸟龙（0.97亿年前）

手盗龙类·阿瓦拉慈龙科

镰刀龙下目·阿拉善龙（1.12亿年前）、北票龙

窃蛋龙下目·原始祖鸟（1.25亿年前）

近鸟类·恐爪龙下目·驰龙科·近鸟龙（1.60亿年前）

伤齿龙科·小盗龙（1.30亿年前）

鸟翼类

鸟纲·热河鸟（1.45亿年前）

尾综骨鸟目·孔子鸟（1.25亿年前）

反鸟类·中国鸟（1.30亿年前）

今鸟类

时间线·龙鸟

生肖犬金钥匙

108

生命是一部奇书，《解密物种起源少年科普丛书》是一部讲述地球生命进化科学的有趣的书，带领爱科学的孩子们成长为"科学之星"。

《解密物种起源少年科普丛书》是一部纯粹的原创地学科普文学作品。它的创意灵感来自全国首席科学传播专家王章俊先生和中国地质大学（北京）副教授、"恐龙猎人"邢立达先生。两位先生先后加入了这部作品的创作团队，王章俊先生担任这部作品创作团队的领衔作者，邢立达先生担任这部作品的形象大使。"D叔"就是以对科学探索执着而又可爱十足的邢立达先生为人物原型设计的。

为了做一部真正属于孩子们自己的科学故事书，创作团队成员寻找一切机会零距离接触孩子们，走进校园举办"宇宙与生命进化"科普讲座，走进社区举办"科学小达人"讲故事大赛和"绘科学"美术大赛，走进中国科技馆举办"我们从哪里来"科普展览，等等一系列活动。就在这样的亲密接触中，《解密物种起源少年科普丛书》开始开花结果。

孩子们、父母们，阅读了这部作品后，有没有被生动有趣的探险故事、流畅手绘的动漫图画深深吸引呢？有没有对D叔一家的探秘之旅充满好奇呢？有没有为故事里主人公的命运紧张担心呢？在这样的体验过程中，深奥生涩的科学知识有没有融入你的脑海、深入你的内心呢？如果有，那就是科学故事的魔力哦。

《解密物种起源少年科普丛书》集严谨的科学知识、有趣的文学故事和动漫风格的彩色图画于一体，展现了科学的温度、宽度、深度。在创作手法上"用故事讲科学"，新技术应用上随时"扫一扫"，产品服务上有"锦绣科学"虚拟社区服务平台。其整体系统的精心设计，体现了创意团队的独具匠心，科学作者的严肃认真，文学作家的妙笔生花。

这部作品自创作到出版，数易其稿，反复修改，历时5年之久，书中文字和图画精心撰写与绘制，包含了每一位参与创意与创作成员的无数心血和努力。更为贴心的是，科学作者、全国首席科学传播专家王章俊先生，将他亲自设计的"地球生命的起源和演化"长卷、"生命进化历程图谱"随书赠送给孩子们，帮助孩子们对生命演化有一个更全面、立体的了解。

该选题自立项以来，已获中国作家协会重点作品扶持资金、北京市科学技术委员会科普专项资助、北京市提升出版业国际传播力奖励扶持专项资金、北京市科学技术协会科普创作出版资金的资助。试水之作《D叔一家的探秘之旅·鱼儿去哪》更是获得多项科普大奖。

同时，这部作品有幸获得国内知名科学家、著名出版人、儿童文学作家的充分肯定，以及教育工作者等社会各界人士的高度评价。他们有中国科学院院士刘嘉麒、欧阳自远，国务院参事张洪涛，中国科学院古脊椎动物与古人类研究所研究员朱敏，著名出版人、作家海飞，中国图书评论杂志社社长、总编辑杨平，全国优秀教师、北京市德育特级教师万平，《中国教育报》编审柯进，果壳网副总裁孙承华，知名金牌阅读推广人李岩等。"大真探D书"标识由著名书法家、篆刻家雨石先生亲笔题写。

在此，对以上人士的热心支持和帮助致以最诚挚的感谢！

鉴于本书用全新的讲故事方式传播科学知识，不足之处在所难免，敬请广大读者批评指正。

望孩子们喜欢它，爱上科学。

锦绣科学文创团队
2019年12月

《鱼类称霸》

《四足时代

寒武纪

5.41亿~4.88亿年前

奥陶纪

4.88亿~4.44亿年前

志留纪

4.44亿~4.16亿年前

泥盆纪

4.16亿~3.59亿年前

石炭纪

3.59亿~2.99亿年前

二叠纪

2.99亿~2.51亿年前

三叠纪

2.51亿~2.00亿年前

侏罗纪

2.00亿~1.45亿年前

白垩纪

1.45亿~6500万年前

古近纪

6500万~2303万年前

新近纪

2303万~259万年前

第四纪

259万年前~现在

很开心参与了这项活动，让我们一家人了解了许多地质、科学、动物的知识。

——科学小·达人秀

生命之树

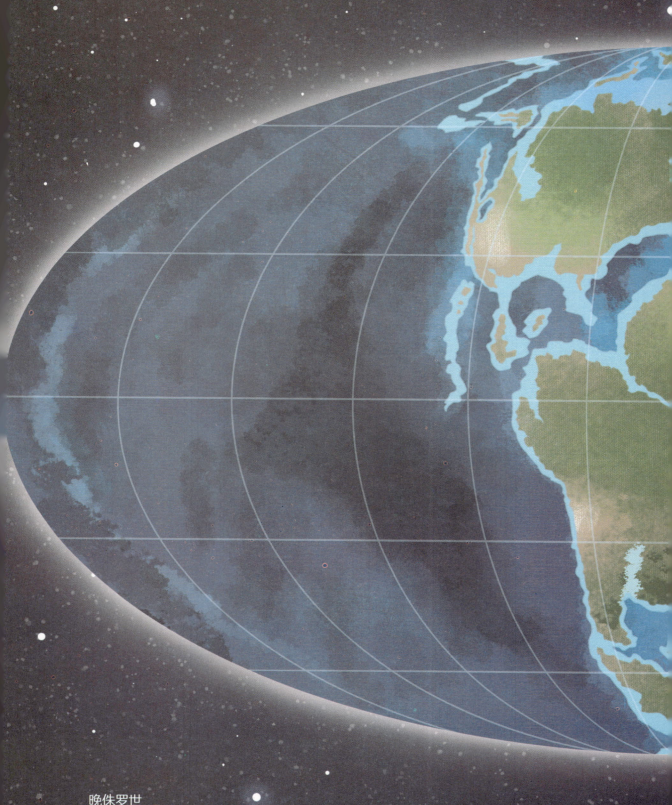

晚侏罗世

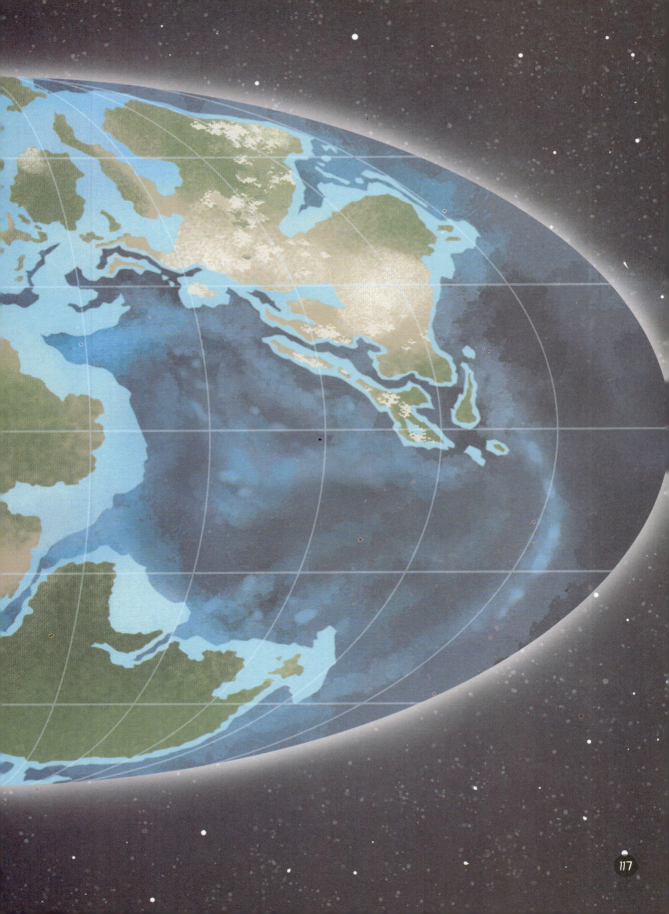

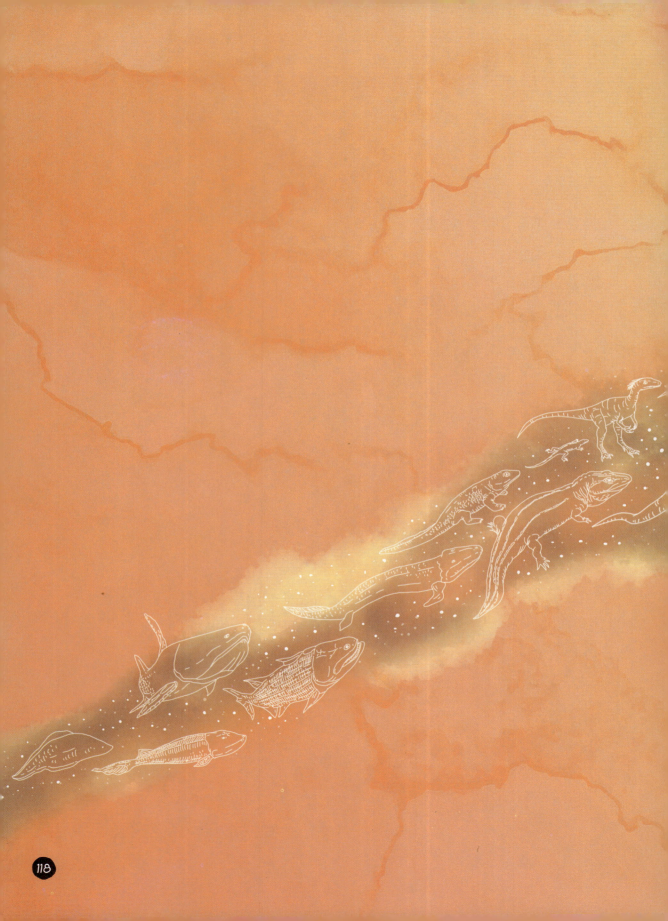

走进锦绣科学小镇
与 D 叔一家共同见证地球生命的进化
探索远古生命奥秘
守护地球家园
这本《解密物种起源少年科普丛书·龙鸟王国》的小伙伴是

_____